U0352504

21世纪高等院校计算机网络工程专业规划教材

企业互联网络工程项目实践

王晓东　张选波　主编

周宇　叶庆卫　章联军　编著

清华大学出版社

北京

内 容 简 介

本书是针对计算机网络相关的综合性工程实践教材(中等难度)。

本书通过一个真实的、综合性网络工程项目的设计与实施,让学生通过动手实践将平时学习的各种网络知识和网络技术进行应用,强化学生对复杂网络需求的把握和设计、实施能力,经过训练的学生能具备较强的组网建网和系统集成能力,以及一定的工程素养与综合能力。

全书共分为 4 个章节和 1 个附录,按照网络工程的项目实施流程(即项目启动→项目设计→项目实施→项目测试→项目验收)的顺序进行组织,并采用岗位角色的方式组织和设置实训内容。

本书既可作为网络工程、物联网工程、通信工程、软件工程、电气自动化、计算机应用、计算机科学与技术、电子信息科学与技术等专业本科或高职院校的实践教材,也可作为网络设计师、网络工程师、系统集成工程师以及相关技术人员在实际网络设计与实施中的参考用书。

本书提供配套的授课课件和实训资料,另有配套的《中小型企业网络项目实践》一书为本书的基础篇。

图书在版编目(CIP)数据

企业互联网络工程项目实践/王晓东,张选波主编.—北京:清华大学出版社,2014

21 世纪高等院校计算机网络工程专业规划教材

ISBN 978-7-302-33971-7

Ⅰ.①企…　Ⅱ.①王…　②张…　Ⅲ.①企业—互联网络—高等学校—教材　Ⅳ.①TP393.18

中国版本图书馆 CIP 数据核字(2013)第 233499 号

责任编辑:魏江江　薛　阳
封面设计:何凤霞
责任校对:白　蕾
责任印制:宋　林

出版发行:清华大学出版社
　　　　　网　　　址:http://www.tup.com.cn,http://www.wqbook.com
　　　　　地　　　址:北京清华大学学研大厦 A 座　　　　邮　　编:100084
　　　　　社 总 机:010-62770175　　　　　　　　　　邮　　购:010-62786544
　　　　　投稿与读者服务:010-62776969,c-service@tup.tsinghua.edu.cn
　　　　　质 量 反 馈:010-62772015,zhiliang@tup.tsinghua.edu.cn
　　　　　课 件 下 载:http://www.tup.com.cn,010-62795954
印 装 者:北京国马印刷厂
经　　销:全国新华书店
开　　本:185mm×260mm　　　印　张:14　　　　字　数:337 千字
版　　次:2014 年 1 月第 1 版　　　　　　　　　印　次:2014 年 1 月第 1 次印刷
印　　数:1~2000
定　　价:29.00 元

产品编号:051665-01

前　言

　　高等教育持续发展的重点是提高人才培养质量,而提高质量的重点在于改革人才培养模式,构建适应社会发展需求的人才培养体系。当前的教育实情中,人才培养与社会需求面临着尴尬的矛盾:一方面社会急需各类专门人才;另一方面高校培养的毕业生往往因为欠缺各种能力而无法满足岗位需求。目前高校工科专业的教育模式和教学内容过于重视理论知识体系而轻视技术能力体系,并轻视人才培养的非技术因素,人才培养与行业企业结合不够紧密,人才的培养产出与行业的需求之间存在距离。

　　本书作者在多年的教学实践中通过借鉴美国顶点课程(Capstone Course)模式,为学生设计一个集工程设计、工程应用、工程操作、工程商务和工程沟通能力多方面融合培养的综合性工程教学环节,其目的主要有三个方面:一是支持学生的深层次学习;二是可以作为本科学习的有效评价工具;三是帮助学生从学校向职场过渡。具体的做法是基于行业人才的实际需求,在确保专业教学知识完整性的基础上,通过校企合作开展"虚拟企业"形式的项目驱动式综合实践,以综合性的真实工程项目为载体,学生在一段相对完整的时间内经历需求调研、分析设计、文档编撰、工程投标、组织实施和验收交付等完整的工程生命周期,为学生提供一个工程设计、工程应用、工程操作、工程商务和工程沟通能力融合培养的综合性工程教学环节,多年的实践证明这是提升学生工程创新与团队合作能力、提高学生社会适应能力和职业竞争能力的有效手段,也是符合 CDIO 工程教学理念的。

　　本书是多年"虚拟企业"形式的项目驱动式综合实践改革的成果之一。本书采用大型集团企业网络工程项目案例,不但涉及集团公司与分公司的网络建设,而且还涉及集团及各分公司之间城域网的设计与实施。项目严格按照网络工程项目实施规范进行,本书为中等难度,让学生通过动手实践将平时学习的各种网络知识和网络技术进行应用,强化学生对复杂网络需求的把握和设计、实施能力,经过训练的学生能具备较强的组网建网和系统集成能力,培养良好的工程素养与综合能力。另有配套的《中小型企业网络项目实践》一书为本书的基础篇。

　　以项目式教学方式和角色式管理方式让学生从一个真正的计算机网络工程项目的启动阶段开始入手,参与到网络工程项目的每一个环节之中,了解网络工程项目中各种角色的工作内容和职责,以及所需的专业技术。项目中共涉及 13 种岗位,也能为读者的就业和职业规划提供很好的参考依据。

　　全书共分为 4 个章节和 1 个附录,按照网络工程的项目实施流程(即项目启动→项目设计→项目实施→项目测试→项目验收)的顺序进行组织,学习本书的学生应熟悉常用网络设备并具备基本的组网和集成能力,可先学习《中小型企业网络项目实践》一书。其中,第 1 章为实训的流程计划和规范,第 2 章在需求分析的基础上进行网络的全面设计,第 3 章进行项目实施,第 4 章进行项目的测试和验收,附录中还给出了相关的文档规范和模板。

本书由宁波大学王晓东和星网锐捷网络有限公司张选波联合主编,参加本书编写的还有宁波大学周宇、叶庆卫、章联军老师和福建闽江学院的沈丹莹老师,全书由王晓东负责策划与统稿。在本书撰写与校对过程中王维、赵兴奎、胡珊逢、周红琼等研究生付出了大量的心血。本书还得到了宁波大学王让定教授、金光教授和徐清波老师的大力支持。本书也参考了国内外诸多企业与专家的著作和文献。在此一并表示感谢。

本书得到了以下建设项目的支持:"宁波大学创新服务型电子信息专业群"宁波市服务型重点专业建设项目和宁波市 IT 产业应用型人才培养基地建设项目、"宁波大学计算机科学与技术专业"国家级特色专业建设项目、"宁波大学电子信息科学与技术专业"浙江省优势专业、浙江省重点专业、宁波市重点专业建设项目、"宁波大学通信工程专业"宁波市特色专业、宁波大学重点专业建设项目以及宁波大学教材建设项目。

由于计算机网络技术发展迅速,网络工程的技术与标准层出不穷,作者水平有限,书中难免有缺点、错误,欢迎同行专家和读者批评指正。

作 者

2013 年 8 月

书中的语法规范与书中使用的图标介绍如下。

1. 命令语法规范

本书中使用的命令语法规范与产品命令参考手册中的命令语法相同：

- 竖线"|"表示分隔符，用于分开可选择的选项。
- 星号"＊"表示可以同时选择多个选项。
- 方括号"[ ]"表示可选项。
- 大括号"{ }"表示必选项。
- 粗体字表示按照显示的文字输入的命令和关键字，在配置的示例和输出中，粗体字表示需要用户手工输入的命令（例如 show 命令）。
- 斜体字表示需要用户输入的具体值。

2. 本书使用的图标

以下为本书所使用的图标示例。

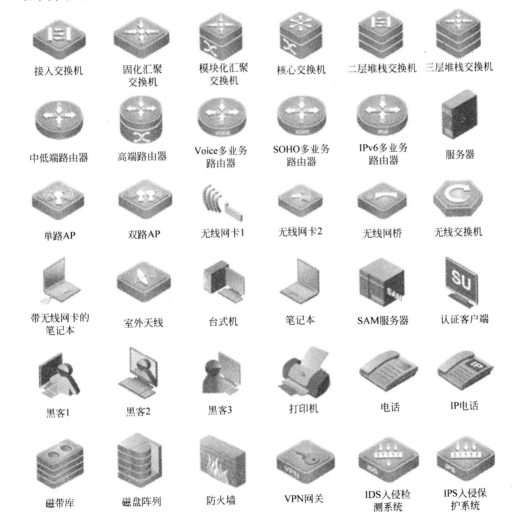

接入交换机	固化汇聚交换机	模块化汇聚交换机	核心交换机	二层堆栈交换机	三层堆栈交换机
中低端路由器	高端路由器	Voice多业务路由器	SOHO多业务路由器	IPv6多业务路由器	服务器
单路AP	双路AP	无线网卡1	无线网卡2	无线网桥	无线交换机
带无线网卡的笔记本	室外天线	台式机	笔记本	SAM服务器	认证客户端
黑客1	黑客2	黑客3	打印机	电话	IP电话
磁带库	磁盘阵列	防火墙	VPN网关	IDS入侵检测系统	IPS入侵保护系统

目　录

第1章 | 实 训 准 备

良好的开始是成功的一半,对于建设大中型企业网络尤其如此。网络工程项目一般分为项目准备阶段、项目实施阶段和项目验收阶段这三个阶段,其中项目准备阶段包括实训准备和业务分析及其方案设计两个方面。本章主要讨论实训准备,重点介绍人员分工、项目实施进度、项目实训设备以及项目实训工具4个方面的内容。实训准备的主要工作是获取项目信息,进行实训准备,安排人员分工,规划施工进度,购买实施设备等。下面将详细介绍各项准备事宜。

1.1 项目实施流程

在整个项目实施之前,应先确定项目实施流程。本项目实施流程是按照网络工程项目的进程顺序进行的,如图 1.1 所示。

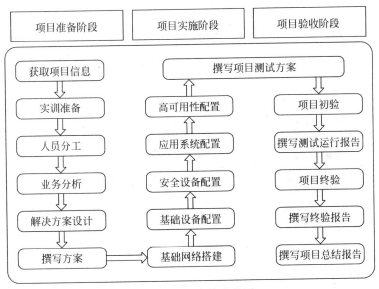

图 1.1 项目实施流程图

1.2 角色任务分配

在工作团队建立后,由项目经理根据成员的知识掌握情况和个人意愿进行人员分工。人员分工也是按照网络工程项目的实际分工进行分配的,如表 1.1 所示。

表 1.1　人员分工表

序号	岗　位	工　作　内　容	人数
1	项目经理	负责整个项目的实施质量与实施进度,部署人员分工,掌握施工进度,并组织撰写项目总结和项目报告	1
2	网络架构工程师	依据企业的业务,设计网络基础设施构架,提供企业网络高效、可靠、可扩展的解决方案	1
3	系统架构工程师	依据企业的业务,提供基于应用的应用服务器的设计方案,保障企业业务系统高效、可靠地运行	1
4	售前技术工程师	依据网络架构工程师和系统架构工程师提供的解决方案,撰写网络技术方案并提供具体的构建网络的成本预算	2
5	网络工程师	根据网络设计方案,对项目中的基础设备(路由器、交换机等)进行配置	2
6	网络安全工程师	根据网络设计方案,对项目中的安全设备(防火墙、USG、IDS、VPN)等进行配置	1
7	服务器工程师	根据网络设计方案,对项目中的所有的应用服务器进行配置	2
8	数据库工程师	根据网络设计方案,对项目中所涉及的数据库平台进行配置	1
9	网络测试工程师	根据网络设计方案,对整个网络运行状态进行评测,并撰写测试报告	1

项目中总计需要实施人员 12 名,也可以根据实际情况进行人员的选定。

1.3　项目实施进度

人员分工完成后,在正式进行项目实施之前,应制订项目实施进度,对整个项目实施进行规划。项目实训的施工进度与网络工程项目的实际施工进度相同,工期为 6 天,具体实施进度甘特图如图 1.2 所示。

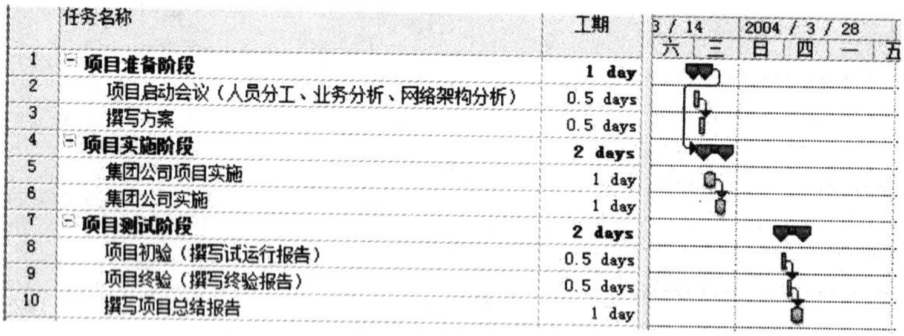

图 1.2　实训进度甘特图

1.4　项目实训设备

项目在实施过程中应按照需求分析对实施设备进行选型和数量选择。本项目按照业务单元进行实训,每个业务单元为一个实训任务,每个实训任务所需的设备数量不同,具体如表 1.2 所示。

表 1.2　实训设备表

实训任务名称	实训设备数量/台						
	路由器	交换机	IDS	防火墙	USG	计算机	存储设备
企业网	4	8	1	1	—	10	1

1.5　项目实训工具

在项目实施过程中,需要搭建服务器、撰写报告等,在这些过程中将用到一些软件工具。此实训项目中所需的软件工具如表1.3所示。

表 1.3　实训工具表

类　型	软　件　版　本	用　途
办公软件	Microsoft Office Project	撰写方案和报告使用配置网络设备
	Microsoft Office Word	
	Microsoft Office Visio	
	SecureCRT	
	AutoCAD 2010	
操作系统	Windows Server 2003	服务器操作系统
	Windows Server 2008	
数据库	SQL Server 2005	应用数据库
	Oracle 10g	
应用软件	MRTG	网管软件
	WinRADIUS	RAIUS 软件
	认证客户端	认证

第2章 方案设计

本项目的目标是在网络层面上建设一个以现代网络技术为依托,技术先进、扩展性强、能覆盖公司主要楼宇的企业主干网络,将企业的各种 PC、工作站、终端设备和局域网连接起来,并与有关广域网相连,并且能够在网上发布有关公司的信息并获取 Internet 上的信息资源,形成一个结构合理、内外沟通的企业计算机网络系统。同时在此基础上建立能满足研发、交流和管理工作的软硬件环境,开发各类信息库和应用系统,为企业各类人员提供充分的网络信息服务。本章将从项目最终目的出发,介绍用户需求分析以及对应解决方案这两方面的内容。

2.1 角色任务分配

方案设计阶段为项目的第一阶段,计划完成时间为 1 天,需要参加的人员有项目经理、网络架构工程师、系统架构工程师、售前工程师等岗位人员,先组织进行项目启动会议,根据项目的背景进行项目分析、业务需求分析等工程。

由项目经理进行人员的分工、实训的进度计划的制订。具体任务分配如表 2.1 所示。

表 2.1 角色任务分配

序号	岗 位	工 作 内 容	工期	人数
1	项目经理	负责整个项目的实施质量与实施进度,部署人员分工,掌握施工进度,并组织撰写项目总结和项目报告	1.5 天	1
2	网络架构工程师	对企业进行业务分析,根据企业的业务分析,分析企业网络架构并制订企业网络的拓扑结构	1.5 天	1
4	系统架构工程师	依据企业的业务,提供基于应用的应用服务器的设计方案,保障企业的业务系统高效、可靠地运行	1.5 天	1
5	售前技术工程师	依据网络架构工程师、网络安全架构工程师和系统架构工程师提供的解决方案,撰写网络技术方案并提供具体的构建网络的成本预算	1.5 天	2

2.2 用户需求分析

2.2.1 项目概述

由于当前网络、数据库及与之相关的应用技术的不断发展,以及国际互联网(Internet)和内部网(Intranet)技术的广泛应用,世界正迈入网络中心计算(Network Centric Computing)时代。传统的交互和工作模式正在不断改变。处在不同地理位置的人们可以共享数据,使用群件技术(GroupWare)进而能够协同工作。各企业部门间数据的存储、传输、应用等技术也逐渐成熟。以上这些技术的发展将会对企业传统的计算机业务系统产生大变革,使用户能更方便、更直观地使用系统,也使系统的性能更完善、功能更强大。

为了满足公司的实际需要,专业系统信息化整体解决方案应运而生。它利用先进的网络技术、软件技术、信息交流技术,将公司的实际应用延伸到企业的最前沿,该解决方案显示了强大的可用性,全面提高企业效率,从而推动企业网和互联网全面进入实用阶段。

2.2.2 企业网的定义

企业 Intranet 内部网系统是一个集计算机技术、网络通信技术、数据库管理技术为一体的大型网络系统。它以管理信息为主体,连接生产、经营、维护、运营子系统,是一个面向企业日常业务、立足生产、面向社会服务,辅助领导决策的计算机信息网络系统。

针对企业当前的信息技术应用情况,计算机网络建设的策略应以应用促发展的网络发展思路,不是马上投入建立一个大规模的、全面的信息系统,而是以实际应用带动网络系统的发展,反过来再促进应用的发展,形成良性循环。

2.2.3 项目简介

中国×××信息科技集团公司(以下简称为集团公司)是北京市海淀区高科技重点企业之一,是一个集科研、生产、维修于一体的大型科技企业。集团公司在全国各个省一级城市都有一个分公司,进行公司的扩展。集团公司因为业务的需要和信息化建设的需要,对集团公司及各个分公司的网络进行改建、扩建。

通过建设一个高速、安全、可靠、可扩充的网络系统,实现企业内信息的高度共享、传递、交流及管理信息化,企业领导能及时、全面、准确地掌握全集团的科研、管理、财务、人事等各方面的情况,并建立出口信道,实现与 Internet 的互联。系统总体设计将本着总体规划、分步实施的原则,充分体现系统的技术先进性、高度的安全可靠性,同时具有良好的开放性、可扩展性。建网时要本着为企业着想、合理使用建设资金、使系统经济可行的原则。

集团公司网络的主要功能包括文件传输(File Transfer Protocol,FTP)、邮件系统(Mail)、数据库服务(Database,DB)、Web 服务器(Web)、在线信息发布、在线信息咨询与反馈、数据库查询、分布式数据存储、容灾备份、信息共享、视频会议、网络电话、安全防护等。

2.2.4 企业网络拓扑

根据集团公司要求,使用防火墙保护服务器群和内部网络用户。公司的外网出口申请两条 ISP 链路,一条链路为 10Mbps DDN 的(Digital Data Network,数字数据网)专线,用来承载集团公司与各分公司之间的业务数据。一条链路接入 Internet,主要用于内部员工访问互联网。

集团公司需要 VPN(Virtual Private Network,虚拟专用网络)网关允许远程办公用户可以安全地访问到内网的办公自动化服务器。

集团公司要求网络结构具备高可用性、高安全性、高适用性、高经济性。

根据以上要求,集团公司整网的拓扑图如图 2.1 所示。

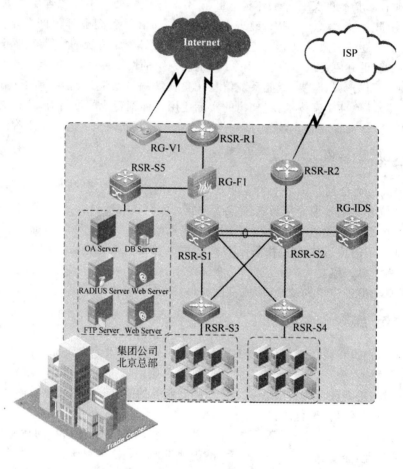

图 2.1 集团总公司网络拓扑图

根据集团的要求,各个地市分公司的网络也申请两条外口 ISP(Internet Service Provider,互联网提供商)链路,一条链路为 2Mbps DDN 专线,主要承载分公司与总公司业务流量,另一条链路用来允许内部用户访问互联网。

集团公司要求网络结构具备高可用性、高安全性、高适用性、高经济性。

各地分公司的网络拓扑图如图 2.2 所示。

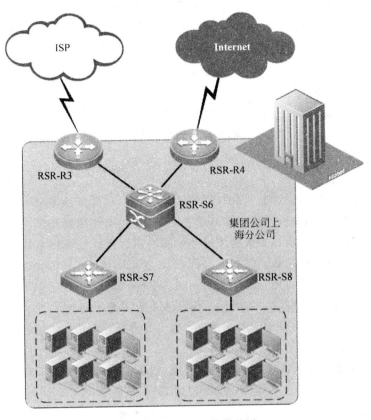

图 2.2　分公司网络拓扑图

2.2.5　企业网需求分析

1. 带宽性能需求

企业网络应具有更高的带宽,更强大的性能,以满足用户日益增长的通信需求。随着计算机技术的高速发展,基于网络的各种应用日益增多,今天的企业网络已经发展成为一个多业务承载平台。本项目不仅要继续承载企业的办公自动化,Web 浏览等简单的数据业务,还要承载涉及企业生产运营的各种业务应用系统数据,以及带宽和时延都要求很高的 IP 电话、视频会议等多媒体业务。因此,数据流量将大大增加,尤其是对核心网络的数据交换能力提出了前所未有的要求。另外,随着千兆位端口成本的持续下降,千兆位到桌面的应用会在不久的将来成为企业网的主流。从 2004 年全球交换机市场分析可以看到,增长最迅速的就是 10Gbps 级别的机箱式交换机,可见,万兆位的大规模应用已经真正开始。所以,今天的企业网络已经不能再用百兆位到桌面千兆位骨干来作为建网的标准,核心层及骨干层必须具有万兆位级带宽和处理性能,才能构筑一个畅通无阻的"高品质"大型企业网,从而适应网络规模扩大、业务量日益增长的需要。以下为本企业网络的各项需求。

2. 稳定可靠需求

企业网络应具有更全面的可靠性设计,以实现网络通信的实时畅通,保障企业生产运营的正常进行。随着企业各种业务应用逐渐转移到计算机网络上来,网络通信的无中断运行已经成为保证企业正常生产运营的关键。现代大型企业网络在可靠性设计方面主要从以下三个方面考虑。

- 设备的可靠性设计：不仅要考查网络设备是否实现了关键部件的冗余备份，还要从网络设备整体设计架构、处理引擎种类等多方面去考查。
- 业务的可靠性设计：考虑网络设备在故障倒换过程中，是否对业务的正常运行有影响。
- 链路的可靠性设计：以太网的链路安全来自于多路径选择，所以在企业网络建设时，要考虑网络设备是否能够提供有效的链路自愈手段，以及快速重路由协议的支持。

3. 服务质量需求

企业网络需要提供完善的端到端的（Quality of Service，服务质量）保障，以满足企业网多业务承载的需求。大型企业网络承载的业务不断增多，单纯地提高带宽并不能够有效地保障数据交换的畅通无阻，所以今天的大型企业网络建设必须使得网络能够智能识别应用事件的紧急和重要程度，如视频、音频、数据流 MIS（Management Information System，管理信息系统）、ERP（Enterprise Resource Planning，企业资源计划）、OA（Office Automation，办公自动化），同时能够调度网络中的资源，保证重要和紧急业务的带宽、时延、优先级和无阻塞的传送。实现对业务的合理调度才是一个大型企业网络提供"高品质"服务的保障。

4. 网络安全需求

企业网络应提供更完善的网络安全解决方案，以阻击病毒和黑客的攻击，减少企业的经济损失。传统企业网络的安全措施主要是通过部署防火墙、IDS（Intrusion Detection Systems，入侵检测系统）、杀毒软件，以及配合交换机或路由器的 ACL（Access Control List，访问控制列表）来实现对病毒和黑客攻击的防御，但实践证明这些被动的防御措施并不能有效地解决企业网络的安全问题。在企业网络已经成为公司生产运营的重要组成部分的今天，现代企业网络必须要有一整套从用户接入控制，病毒报文识别到主动抑制的一系列安全控制手段，这样才能有效地保证企业网络的稳定运行。

5. 应用服务需求

企业网络应具备更智能的网络管理解决方案，以适应网络规模日益扩大、维护工作更加复杂的需要。当前的网络已经发展成为"以应用为中心"的信息基础平台，网络管理能力的要求已经上升到了业务层次，传统的网络设备的智能已经不能有效支持网络管理需求的发展。比如，网络调试期间最消耗人力与物力的线缆故障定位工作，网络运行期间对不同用户灵活的服务策略部署、访问权限控制，以及网络日志审计和病毒控制能力等方面的管理工作，由于受网络设备功能本身的限制，都还属于费时、费力的任务。所以现代的大型企业网络迫切需要网络设备具备支撑"以应用为中心"的智能网络运营维护的能力，并能够有一套智能化的管理软件，将网络管理人员从繁重的工作中解脱出来。

2.3 企业网络设计分析

2.3.1 企业网的设计目标

本项目的目标是在网络层面上建设一个以现代网络技术为依托，技术先进、扩展性强、能覆盖公司主要楼宇的企业主干网络,将企业的各种 PC、工作站、终端设备和局域网连接起来,并与有关广域网相连,能够在网上发布有关公司的信息并获取 Internet 上的信息资源,形成一个结构合理、内外沟通的企业计算机网络系统。同时在此基础上建立能满足研发、交流和管理工作的软硬件环境,开发各类信息库和应用系统,为企业各类人员提供充分的网络信息服务。

2.3.2 企业网设计原则

集团公司企业网络本着少花钱办大事的原则,充分利用有限的投资,在保证网络先进性的前提下,选用性能价格比最好的设备。企业网建设应该遵循以下原则。

1. 先进性

以先进、成熟的网络通信技术进行组网,支持数据、软件等实际应用,用基于交换的技术替代传统的基于路由的技术。

2. 标准化和开放性

网络协议采用符合 ISO 及其他标准,如 IEEE、ITU-T、ANSI 等制定的协议,并采用遵从国际和国家标准的网络设备。

3. 可靠性和可用性

选用高可靠的产品和技术,充分考虑系统在程序运行时的应变能力和容错能力,确保整个系统的安全性与可靠性。

4. 灵活性和兼容性

选用符合国际发展潮流的国际标准的软件技术,以便系统具有可靠性强、可扩展和可升级等特点,保证今后可迅速使用计算机网络发展出现的新技术,同时为现存不同的网络设备、小型机、工作站、服务器、微机等设备提供入网和互连手段。

5. 实用性和经济性

从实用性和经济性出发,着眼于近期目标和长期发展,选用先进的设备,进行最佳性能组合,利用有限的投资构造一个性能最佳的网络系统。

6. 安全性和保密性

在接入 Internet 的情况下,必须保证网上信息和各种应用系统的安全。

7. 扩展性和升级能力

网络设计应具有良好的扩展性和升级能力,选用具有良好升级能力和扩展性的设备。在以后对该网络进行升级和扩展时,必须能保有现有的投资。能够支持多种网络协议、多种高层协议和多媒体应用。

8. 网络的灵活性

系统的灵活性主要表现在软件配置与负载平衡等方面,配合交换机产品与路由器产品支持的最先进的虚拟网络技术,整个网络系统可以通过软件快速简便地将用户或用户组从一个网络转移到另一个网络,可以跨越办公室、办公楼,而无需任何硬件的改变,以适应机构的变化,同时也可以通过平衡网络的流量来提高网络的性能。

2.3.3 企业网设计依据标准

企业网设计依据的主要标准如下。

（1）国际商用建筑物布线系统标准 EIA/TIA 568/569/606。

（2）IEEE 802.3/802.5。

（3）ANSI FDDI/TPDDI。

（4）CCITT ATM 155/622Mbps。

（5）ISO/IECJTC1/SC25/WG3。

（6）中国建筑电气设计规范。

（7）工业企业通信设计规范。

（8）Commscope 布线设计标准。

（9）建筑与建筑群综合布线系统工程设计规范。

（10）建筑平面图。

（11）客户的具体相关要求。

2.4 网络架构分析

2.4.1 物理层分析

1. 百兆以太网

百兆以太网又称快速以太网,主要解决网络带宽在局域网络应用中的瓶颈问题。其协议标准为 1995 年颁布的 IEEE 802.3u,可支持 100Mb/s 的数据传输速率,并且支持共享式与交换式两种使用环境,在交换式以太网环境中可以实现全双工通信。

（1）100Base-T4

100Base-T4 是为了利用大量的 3 类音频级布线而设计的。它使用 4 对双绞线,3 对用于同时传送数据,第 4 对线用于冲突检测时的接收信道,信号频率为 25MHz,因而可以使用数据级 3、4 或 5 类非屏蔽双绞线,也可以使用音频级 3 类线缆。最大网段长度为 100m,采用 EIA568 布线标准。由于没有专用的发送或接收线路,所以 100Base-T4 不能进行全双工操作。100Base-T4 采用比曼彻斯特编码法高级得多的 6B/6T 编码法。

（2）100Base-TX

使用两对 5 类非屏蔽双绞线或 1 类屏蔽双绞线,一对用于发送数据,另一对用于接收数据,最大网段长度为 100m,布线符合 EIA568 标准。采用 4B/5B 编码法,使其可以 125MHz 的串行数据流来传送数据。使用 MLT-3（多电平传输-3）波形法来降低信号频率 125/3＝41.6MHz。100Base-TX 是 100Base-T 中使用最广的物理层规范。

（3）100Base-FX

使用多模（62.5μm 或 125μm）或单模光缆,连接器可以是 FDDI（Fiber-Distributed Data Interface,光纤分布式数据接口）连接器、ST 型连接器或廉价的 SC 型连接器。最大网段长度根据连接方式不同而变化,例如,对于多模光纤的交换机-交换机连接或交换机-网卡连接最大允许长度为 412m,如果是全双工链路,则可达到 2000m。100Base-FX 主要用于高速主干网,或远距离连接,或有强电气干扰的环境,或要求较高安全保密连接的环境。

2. 千兆位以太网

千兆位以太网基本保留了原有以太网的帧结构,所以向下和以太网与快速以太网完全兼容,从而原有的10Mb/s以太网或快速以太网可以方便地升级到千兆位以太网。千兆位以太网标准实际上包括支持光纤传输的 IEEE 802.3z 和支持铜缆传输的 IEEE 802.3ab 两大部分。

（1）1000Base-LX

1000Base-LX 是一种使用长波激光作为信号源的网络介质技术,在收发器上配置波长为 1270~1355nm(一般为 1300nm)的激光传输器,既可以驱动多模光纤,又可以驱动单模光纤,连接光纤所使用的 SC 型光纤连接器与快速以太网 100FX 所使用的连接器的型号相同。

① 多模光纤。1000Base-LX 可采用芯径为 50μm 和 62.5μm 的多模光纤,工作波长为 850nm,全双工下最长传输距离为 550m,数据编码方法为 8B/10B,适用于作为大楼网络系统的主干通路。

② 单模光纤。1000Base-LX 可采用芯径为 9μm 的单模光纤,工作波长为 1300nm 或 1550nm,全双工下最长传输距离为 5000m,数据编码方法采用 8B/10B,适用于校园或城域主干网。

（2）1000Base-SX

1000Base-SX 是一种使用短波激光作为信号源的网络介质技术,收发器上所配置的波长为 770~860nm(一般为 880nm)的激光传输器不支持单模光纤,只能驱动多模光纤。1000Base-SX 采用芯径为 62.5μm 和 50μm 的多模光纤。使用 62.5μm 多模光纤全双工模式下最长有效距离为 275m。使用 50μm 多模光纤全双工模式下最长有效距离为 550m。1000Base-SX 所采用的数据编码方法为 8B/10B,所使用的光纤连接器与 1000Base-LX 一样也是 SC 型连接器,适用于作为大楼网络系统的主干通路。

（3）1000Base-CX

1000Base-CX 使用一种特殊规格的高质量平衡双绞线对的屏蔽铜缆作为网络介质,最长传输距离为 25m,传输速率为 1.25Gb/s,使用 9 芯 D 型连接器连接电缆,系统数据编码方法采用 8B/10B,1000Base-CX 适用于交换机之间的短距离连接,尤其适用于千兆主干交换机和主服务器之间的短距离连接,适用于集群网络设备的互连,例如机房内连接网络服务器。

（4）1000Base-T

1000Base-T 采用 4 对 5 类 UTP 双绞线,传输距离为 100m,传输速率为 1Gb/s,主要用于结构化布线中同一层建筑的通信,从而可以利用以太网或快速以太网已铺设的 UTP 电缆,也可被用作大楼内的网络主干。

2.4.2 链路层分析

1. PPP 协议

PPP(Point-to-Point Protocol,点到点协议)是为在同等单元之间传输数据包这样的简单链路设计的链路层协议。这种链路提供全双工操作,并按照顺序传递数据包。1992 年 Internet IETF 成立了一个小组来制定点到点的数据链路协议——Internet 标准。该标准命名为 PPP,即点到点协议,经过 1993 年和 1994 年的修订,现在已成为因特网的正式标准。

PPP 是一种分层的协议,最初由 LCP(Link Control Protocol,链路控制协议)发起对链路的建立、配置和测试。在 LCP 初始化后,通过一种或多种"网络控制协议 NCP(Network Control Protocol,网络控制协议)"来传送特定协议族的通信。在 RFC1332 文档中描述的(Internet Procotol,因特网互联协议)控制协议(IP Control Protocol,IPCP)允许在 PPP 链路上传输 IP 分组。其他一些 NCP 为下列协议提供服务,Apple Talk(RFC 1378)、OSI(RFC 1337)、DECnet Phase IV(RFC 1762)、Vines(RFC 1763)、XNS(RFC 1764)和透明以太网桥接(RFC 1638)。

PPP 提供了一种在点对点的链路上封装多协议数据包(IP 、IPX 和 AppleTalk)的标准方法。它具有以下特性:

- 能够控制数据链路的建立。
- 能够对 IP 地址进行分配和使用。
- 允许同时采用多种网络层协议。
- 能够配置和测试数据链路。
- 能够进行错误检测。
- 支持身份验证。
- 有协商选项,能够对网络层的地址和数据压缩等进行协商。

2. IEEE802.1Q

IEEE 802.1Q 规范为标识带有 VCAN(Virtual Local Area Network,虚拟局域网)成员信息的以太帧建立了一种标准方法。IEEE 802.1Q 标准定义了 VLAN 网桥操作,从而允许在桥接局域网结构中实现定义、运行以及管理 VLAN 拓扑结构等操作。802.1Q 标准主要用来解决如何将大型网络划分为多个小网络,如此广播和组播流量就不会占据更多带宽的问题。此外,802.1Q 标准还提供更高的网络段间安全性。

2.4.3 网络层分析

1. 路由协议

区域向互联网络体系结构中引入了一个新的层次,在此基础上,将一组区域组成一个更大的区域。双向互联网络体系中引入了另一个新的层次,这些更高层的区域在 IP 网中叫自主系统,在 ISO 模型中叫做路由选择域。

一个自主系统被定义为在共同管理域下的一组运行相同路由选择协议的路由器。

动态路由协议按运行的区域范围划分如下。

- Interior Gateway Protocol(IGP):内部网关协议,用来在同一个自治系统内部交换路由信息。
- Exterior Gateway Protocol(EGP):外部网关协议,用来在不同的自治系统间交换路由信息。

IGP 内根据路由选择协议的算法不同划分如下。

- 距离矢量(Distance Vector):根据距离矢量算法,确定网络中节点的方向与距离,包括 RIP(Routing Information Protocol,选路信息协议)路由协议及(Interior Gateway Routing Protocol)(Cisco 私有协议)路由协议。
- 链路状态(Link-state):根据链路状态算法,计算生成网络的拓扑,包括 OSPF 路由协议与 IS-IS 路由协议。
- 混合算法(Hybrid):根据距离矢量和链路状态的某些方面进行集成,包括 EIGRP

路由协议(Cisco 私有协议)。

2. 距离矢量路由协议

距离矢量名称的由来是因为路由是以矢量(距离、方向)的方式被通告出去,其中距离是根据度量定义的,方向是根据下一跳路由器定义的。比如,"某一路由器 X 的方向可以到达目标 Y,距此 5 跳距离"。这个表述隐含了每个路由器都向邻接路由器学习它们所观察到的路由信息,然后再向外通告自己观察到的路由信息。因为每个路由器在信息上都依赖于邻接路由器,而邻接路由器又从它们的邻居那里学习路由,以此类推,所以距离矢量路由选择协议有时又被认为是"依照传闻进行路由选择"的协议。

属于距离矢量路由选择协议的如下:

- IP 路由选择信息协议(RIP)。
- Xerox 网络系统的 XNS RIP。
- Novell 的 IPX RIP。
- Cisco 的 Internet 网关路由选择协议(IGRP)。
- DEC 的 DNA 阶段 4。
- Apple Talk 的路由选择表维护协议(RTMP)。

3. 链路状态路由协议(Post Office Protocal,邮局协议)

链路状态路由协议有时叫最短路径优先协议或分布式数据库协议,是围绕着图论中的一个著名算法——E. W. Dijkstra 的最短路径算法设计的。链路状态协议如下:

- IP 开放式最短路径优先(OSPF)。
- CLNS 或 IP ISO 的中介系统到中介系统(IS-IS)。
- DEC 的 DNS 阶段 5。
- Novell 的 Netware 链路服务协议(NLSP)。

2.4.4 应用系统分析

1. 邮件服务系统

Microsoft Exchange Server 是一个全面的 Intranet 协作应用服务器,适合有各种协作需求的用户使用。Exchange Server 协作应用的出发点是业界领先的消息交换基础,它提供了业界最强的扩展性、可靠性和安全性及最高的处理性能。Exchange Server 提供了包括从电子邮件、会议安排、团体日程管理、任务管理、文档管理、实时会议和工作流等丰富的协作应用,而所有应用都可以通过 Internet 浏览器来访问。

Exchange Server 是一个设计完备的邮件服务器产品,提供了通常所需要的全部邮件服务功能。除了常规的 SMIP(Simple Mail Tranfer Protocol,简单邮件传输协议)协议服务之外,它还支持 IMAP(Internet Message Access Protocol 4,第 4 版本的交互式数据消息访问协议)、LDAP(Lightweight Directory Access Protocol,轻量目录访问协议)和 NNTP(Network News Transport Protocol,网络新闻传输协议)。Exchange Server 服务器有两种版本,标准版包括 Active Server、网络新闻服务和一系列与其他邮件系统的接口。企业版除了包括标准版的功能外,还包括与 IBM OfficeVision、X. 400、VM 和 SNADS 通信的电子邮件网关,Exchange Server 支持基于 Web 浏览器的邮件访问。

2. Web 服务系统

Web 技术的独特之处是采用超链接和多媒体信息。Web 服务器使用超文本标记语言(HyperText Marked Language,HTML)描述网络的资源,创建网页,以供 Web 浏览器阅读。HTML 文档的特点是交互性,不管是一般文本还是图形,都能通过文档中的链接连接到服务器上的其他文档,从而使客户快速地搜寻他们想要的资料。HTML 网页还可提供表单供用户填写并通过服务器应用程序提交给数据库。这种数据库一般是支持多媒体数据类型的。

Web 浏览器(Web Browser)是一个用于文档检索和显示的客户应用程序,并通过超文本传输协议(HyperText Transfer Protocol,HTTP)与 Web 服务器相连。通用的、低成本的浏览器节省了两层结构的(Client/Server,客户端/服务器)模式客户端软件的开发和维护费用。目前,流行的 Internet Explorer 和 Netscape Navigator 除提供基本的文档检索、显示和导航特性外,还支持 HTML 的高级显示(如表和帧)以及 ActiveX、Java、JavaScript 等特性。

3. 数据库服务系统

SQL Server 是一个数据库管理系统。它最初是由 Microsoft、Sybase 和 Ashton-Tate 三家公司共同开发的,于 1988 年推出了第一个 OS/2 版本。在 Windows NT 推出后,Microsoft 与 Sybase 在 SQL Server 的开发上就分道扬镳了,Microsoft 将 SQL Server 移植到 Windows NT 系统上,专注于开发推广 SQL Server 的 Windows NT 版本。Sybase 则较专注于 SQL Server 在 UNIX 操作系统上的应用。

数据库服务器为客户应用提供服务,这些服务包括查询、更新、事务管理、索引、高速缓存、查询优化、安全及多用户存取控制等。

在 C/S 模型中,数据库服务器软件(后端)主要用于处理数据查询或数据操纵的请求。与用户交互的应用部分(前端)在用户的工作站上运行。它们的连接软件是:

- 数据库服务器应用编程接口 API。
- 通信连接软件和网络传输协议。
- 公用的数据存取语言——SQL。

数据库服务器的优点如下:

(1) 减少编程量

数据库服务器提供了用于数据操纵的标准接口 API。

(2) 数据库安全保证好

数据库服务器提供监控性能、并发控制等工具。由 DBA 统一负责授权访问数据库及网络管理。

(3) 数据可靠性管理及恢复好

数据库服务器提供统一的数据库备份和恢复、启动和停止数据库的管理工具。

(4) 充分利用计算机资源

数据库服务器把数据管理及处理工作从客户机上分出来,使网络上各计算机的资源能各尽其用。

(5) 提高了系统性能

能大大降低网络开销。协调操作,减少资源竞争,避免死锁。提供联机查询优化机制。

（6）便于平台扩展

多处理器（相同类型）的水平扩展。多个服务器计算机的水平扩展。以及垂直扩展：服务器可以移植到功能更强的计算机上，不涉及处理数据的重新分布问题。

4. FTP 服务系统

FTP（File Transfer Protocol，文件传输协议）。用于 Internet 上控制文件的双向传输。同时，它也是一个应用程序（Application）。用户可以通过它把自己的 PC 与世界各地所有运行 FTP 协议的服务器相连，访问服务器上的大量程序和信息。

FTP 的主要作用就是让用户连接上一个远程计算机（这些计算机上运行着 FTP 服务器程序）察看远程计算机有哪些文件，然后把文件从远程计算机上拷到本地计算机，或把本地计算机的文件送到远程计算机上去。

2.4.5 网络安全分析

1. 身份验证技术

• PAP 验证：密码认证协议（Password Authentication Protocol，PAP）

密码认证协议是 PPP 协议集中的一种链路控制协议，主要是通过使用两次握手提供一种对等节点的建立认证的简单方法，这是建立在初始链路确定的基础上的。

• CHAP 验证：PPP 挑战握手认证协议（Challenge Handshake Authentication Protocol，CHAP）。

挑战握手认证协议通过三次握手周期性地校验对端的身份，在初始链路建立时完成，可以在链路建立之后的任何时候重复进行。

2. 加密技术

加密技术是电子商务采取的主要安全保密措施，是最常用的安全保密手段，利用技术手段把重要的数据变为乱码（加密）传送，到达目的地后再用相同或不同的手段还原（解密）。加密技术包括两个元素：算法和密钥。算法是将普通的文本（或者可以理解的信息）与一串数字（密钥）相结合，产生不可理解的密文的步骤。密钥是用来对数据进行编码和解码的一种算法。在安全保密中，可通过适当的密钥加密技术和管理机制来保证网络的信息通信安全。密钥加密技术的密码体制分为对称密钥体制和非对称密钥体制两种。相应地，对数据加密的技术也分为两类，即对称加密（私人密钥加密）和非对称加密（公开密钥加密）。对称加密以数据加密标准 DES（Data Encryption Standard）算法为典型代表，非对称加密通常以 RSA（Rivest Shamir Ad1eman）算法为代表。对称加密的加密密钥和解密密钥相同，而非对称加密的加密密钥和解密密钥不同，加密密钥可以公开而解密密钥需要保密。

3. 防火墙安全技术

Internet 的日益普及和互联网上的浏览访问不仅使数据传输量增加，网络被攻击的可能性也增大，而且由于 Internet 的开放性，网络安全防护的方式发生了根本变化，使得安全问题更为复杂。传统的网络强调统一而集中的安全管理和控制，可采取加密、认证、访问控制、审计以及日志等多种技术手段，且它们的实施可由通信双方共同完成。而由于 Internet 是一个开放的全球网络，其网络结构错综复杂，因此安全防护方式截然不同。

Internet 的安全技术涉及传统的网络安全技术和分布式网络安全技术，且主要是用来解决如何利用 Internet 进行安全通信，同时保护内部网络免受外部攻击的问题。在此情形下，防火墙技术应运而生。防火墙技术可根据防范的方式和侧重点的不同而分为很多种类型,但总体来讲可分为包过滤、应用级网关和代理服务器等几大类型。

（1）数据包过滤型防火墙

数据包过滤（Packet Filtering）技术是在网络层对数据包进行选择,选择的依据是系统内设置的过滤逻辑,被称为访问控制表（Access Control Table）。通过检查数据流中每个数据包的源地址、目的地址、所用的端口号、协议状态等因素,或它们的组合来确定是否允许该数据包通过。数据包过滤防火墙逻辑简单,价格便宜,易于安装和使用,网络性能和透明性好,它通常安装在路由器上。路由器是内部网络与 Internet 连接必不可少的设备,因此在原有网络上增加这样的防火墙几乎不需要任何额外的费用。数据包过滤防火墙的缺点有两点:一是非法访问一旦突破防火墙,即可对主机上的软件和配置漏洞进行攻击。二是数据包的源地址、目的地址以及 IP 的端口号都在数据包的头部,很有可能被窃听或假冒。

分组过滤或包过滤是一种通用、廉价、有效的安全手段。之所以通用,是因为它不针对各个具体的网络服务采取特殊的处理方式。之所以廉价,是因为大多数路由器都提供分组过滤功能。之所以有效,是因为它能很大程度地满足安全要求。所根据的信息来源于 IP、TCP 或 UDP 包头。包过滤的优点是不用改动客户机和主机上的应用程序,因为它工作在网络层和传输层,与应用层无关。但其弱点也是明显的:通过过滤判别的只有网络层和传输层的有限信息,因而各种安全要求不可能充分满足。在许多过滤器中,过滤规则的数目是有限制的,且随着规则数目的增加,性能会受到很大的影响。由于缺少上下文关联信息,不能有效地过滤如 UDP、RPC 一类的协议。另外,大多数过滤器中缺少审计和报警机制,且管理方式和用户界面较差。对安全管理人员素质要求高,建立安全规则时,必须对协议本身及其在不同应用程序中的作用有较深入的理解。因此,过滤器通常是和应用网关配合使用,共同组成防火墙系统的。

（2）应用级网关型防火墙

应用级网关（Application Level Gateways）是在网络应用层上建立协议过滤和转发功能。它针对特定的网络应用服务协议使用指定的数据过滤逻辑,并在过滤的同时对数据包进行必要的分析、登记和统计,形成报告。实际中的应用网关通常安装在专用工作站系统上。数据包过滤和应用网关防火墙有一个共同的特点,就是它们仅仅依靠特定的逻辑判定是否允许数据包通过。一旦满足逻辑,则防火墙内外的计算机系统建立直接联系,防火墙外部的用户便有可能直接了解防火墙内部的网络结构和运行状态,这有利于实施非法访问和攻击。

（3）代理服务型防火墙

代理服务（Proxy Service）也称链路级网关（Circuit Level Gateways）或 TCP 通道（TCP Tunnels）,也有人将它归于应用级网关一类。它是针对数据包过滤和应用网关技术存在的缺点而引入的防火墙技术,其特点是将所有跨越防火墙的网络通信链路分为两段。防火墙内外计算机系统间应用层的连接由两个终止代理服务器上的连接来实现,外部计算机的网络链路只能到达代理服务器,从而起到了隔离防火墙内外计算机系统的作用。此外,代理服务也对过往的数据包进行分析、注册登记,形成报告,同时当发现被攻击迹象时会向网络管理员发出警报,并保留攻击痕迹。应用代理型防火墙是内部网与外部网的隔离点,起着监视和隔绝应用层通信流的作用。同时也常结合包过滤器的功能。它工作在 OSI 模型的最高层,掌握着应用系统中可用作安全决策的全部信息。

（4）复合型防火墙

由于对更高安全性的要求，常把基于包过滤的方法与基于应用代理的方法结合起来，形成复合型防火墙产品。这种结合通常有以下两种方案。屏蔽主机防火墙体系结构：在该结构中，分组过滤路由器或防火墙与 Internet 相连，同时一个堡垒机安装在内部网络，通过在分组过滤路由器或防火墙上过滤规则的设置，使堡垒机成为 Internet 上其他节点所能到达的唯一节点，这确保了内部网络不受未授权外部用户的攻击。屏蔽子网防火墙体系结构：堡垒机放在一个子网内，形成非军事化区，两个分组过滤路由器放在这一子网的两端，使这一子网与 Internet 及内部网络分离。在屏蔽子网防火墙体系结构中，堡垒主机和分组过滤路由器共同构成了整个防火墙的安全基础。

由此可见，在网络安全中，很重要的一个部分可以说是防火墙。防火墙的可靠性直接关系到整个网络的安全。因此，必须在 Internet 和内部网之间建立起一道防火墙，使从内部网到外部网以及从外部网到内部网的所有信息都必须通过防火墙。只有经过本地安全策略授权的信息流才能通过防火墙，当然防火墙本身必须是安全的，不能被侵入。

4. 入侵检测安全技术

IDS（入侵检测系统）是 Intrusion Detection System 的缩写。入侵检测技术是网络安全体系的一种防范措施，是一种能够识别针对网络和主机资源的恶意攻击并将日志发送到管理控制台的能力。一台 IDS 类似于一个普通的数据包嗅探器。它读取所有的数据包，并将这些数据包和已知的攻击特征相对比。形象地说，入侵检测系统就是一台网络摄像机，能够捕获并记录网络上的所有数据。同时它也是一台智能摄像机，能够分析网络数据并提炼出可疑的、异常的网络数据信息。它还是一台高清晰的 X 光摄像机，能够穿透一些伪装，抓住数据包中的实际内容，它更是一台负责的保安摄像机，能够对入侵行为自动地进行反击。

在网络安全体系中，入侵检测系统是唯一一个通过数据和行为模式判断其是否有效的系统。这里有一个形象的比喻，防火墙是一道门，阻止一类人群的进入，但无法阻止合法的一类人群中的破坏分子，也不能阻止内部的破坏行为。而访问控制系统可以不让权限低的人做越权行为，但无法限制高级权限的人做破坏动作。

入侵检测系统同样是一种终止针对网络攻击的能力，它提供了如下的防御机制：

- 探测——识别和发现针对网络和终端的恶意攻击行为。
- 防御——终止识别和发现的攻击行为。
- 反应——避免以后系统再遭受同样的恶意攻击。
- 报警——遭遇到攻击行为后，发出报警信息。
- 丢弃——如果检测到攻击行为的数据包，则选择立即丢弃此数据包。
- 阻止——拒绝来自攻击源头的流量。

5. VPN 安全技术

为保证数据传输的机密性和完整性，建议在企业专用网络中采用 VPN（Virtual Private Network，虚拟专用网络）系统，在远程前置机和防火墙之间统一安装 VPN 设备。

VPN 提供了三种主要功能。

- 加密：通过网络传输分组之前，发送方可对其进行加密。这样，即使有人窃听，也无法读懂其中的信息。
- 数据完整性：接收方可检查数据通过 Internet 传输的过程中是否被修改。

- 来源验证：接收方可验证发送方的身份，确保信息来自正确的地方。

VPN 技术可以有效地实现以下技术。

- 防止窃听攻击，采用加密技术，如 RC-4、DES、3DES 和 AES。
- 保证数据包的完整性，比如采用了 MD5 和 SHA 技术。
- 防止中间人攻击，采用身份验证技术，比如预共享密钥或数字证书。
- 防止重放攻击使用序列号保护数据。

2.4.6 容错和高可用性分析

1. 群集技术

Microsoft 服务器提供了三种支持群集的技术：网络负载平衡（Network Load Balancing，NLB）、组件负载平衡（Component Load Balancing，CLB）和 Microsoft 群集服务（Microsoft Cluster Service，MSCS）。

（1）网络负载平衡

网络负载平衡充当前端群集，用于在整个服务器群集中分配传入的 IP 流量，是为电子商务 Web 站点实现增量可伸缩性和出色可用性的理想选择。最多可以将 32 个运行 Windows Server 2003 系列产品的计算机连接在一起共享一个虚拟 IP 地址。NLB 通过在群集内的多个服务器之间分配其客户端请求来增强可伸缩性。随着流量的增加，可以向群集添加更多的服务器，任何一个群集最多可容纳 32 个服务器。NLB 在为用户提供连续服务的同时还提供了高可用性，即自动检测服务器故障，并在 10 秒内在其余服务器中重新分配客户端流量。

（2）组件负载平衡

组件负载平衡可以在多个运行站点业务逻辑的服务器之间分配负载。它在最多包含 8 个等同服务器的服务器群集中实现了 COM＋ 组件的动态平衡。在 CLB 中，COM＋ 组件位于单独的 COM＋ 群集中的服务器上。激活 COM＋ 组件的调用是平衡到 COM＋ 群集中的不同服务器的负载。CLB 通过作用于多层群集网络的中间层与 NLB 和群集服务配合工作。CLB 是作为 Application Center 2000 的特性提供的，可与 Microsoft 群集服务在同一组计算机上运行。

（3）群集服务

群集服务充当后端群集，可为数据库、消息传递以及文件和打印服务等应用程序提供高可用性。当任一节点（群集中的服务器）发生故障或脱机时，MSCS 将尝试最大程度地减少故障对系统的影响。

2. 存储技术

开放系统的直连式存储（Direct-Attached Storage，DAS）方案主要在 PC 和早期的服务器上使用。由于当时对数据存储的需求并不大，单个服务器的存储能力就可以满足日常数据存储的需求，因此在低档网络中的应用还是相当普遍的。但由于这种存储方案中的存储设备都是直接连接在服务器上，随着需求的不断扩大，越来越多的存储设备和服务器被添加进来，DAS 环境将导致服务器和存储孤岛数量的激增，资源利用低下。在该环境中，数据共享和存储设备扩展能力均受到了严重的限制。

网络存储技术（Network Storage Technologies，NST）是一种专业的网络文件存储及文件备份设备,它是基于局域网(Local Area Network,LAN)的,按照传输控制协议/因特网互联网协议(Transmission Control Protocol/Internet Protocol)协议进行通信,以文件的输入/输出(Input/Output)方式进行数据传输。在 LAN 环境下,NAS 已经完全可以实现异构平台之间的数据级共享,比如 Windows NT、UNIX 等平台的共享。

它是一种向用户提供文件级服务的专用数据存储设备,直接连到网络上,不再挂接服务器后端,避免给服务器增加 I/O 负载。

一个 NAS 系统包括处理器;文件服务管理模块和多个硬盘驱动器(用于数据的存储)。NAS 可以应用在任何的网络环境当中。主服务器和客户端可以非常方便地在 NAS 上存取任意格式的文件,包括 SMB 格式(Windows)NFS 格式(UNIX、Linux)和 CIFS(Common Internet File System)格式等。

SAN(Storage Area Network,存储区域网络)是一种在服务器与外部存储资源或独立的存储资源之间实现高速、可靠访问的专用网络。在 SAN 中,每个存储设备并不隶属于任何一台单独的服务器,相反,所有的存储设备可以在全部的网络服务器之间作为对等资源共享。就像局域网可以用来连接客户机和服务器一样,SAN 可用来在服务器与存储设备之间、服务器之间及存储设备之间建立连接。

SAN 是一个特殊的网络,它可以被看做是整个计算环境中的一个子网,但这个子网是以存储接口为基础的。

SAN 是一个高速的子网,这个子网中的设备可以从用户的主网卸载流量,通常 SAN 由磁盘阵列独立冗余磁盘阵列(Redundant Arrays of Independent Disks,RAID)连接光纤通道(Fiber Channel)组成,SAN 和服务器、客户机的数据通信通过 SCSI(Small Computer System Interface,小型计算机系统接口)命令而非 TCP/IP,数据处理是"块级"(Block Level)。SAN 也可以定义为是以数据存储为中心,它采用可伸缩的网络拓扑结构,通过具有高传输率的光通道的直接连接方式,提供 SAN 内部任意节点之间的多路可选择的数据交换,并且将数据存储管理集中在相对独立的存储区域网内。SAN 最终将实现在多种操作系统下,最大限度的数据共享和数据优化管理,以及系统的无缝扩充。

RAID 是 Redundant Array of Independent Disk 的缩写,称为独立冗余磁盘阵列,简称为磁盘阵列。RAID 技术把磁盘按照一定的方法和策略组合而成,把多块磁盘组合而成,形成一套存储设备,就好像我们使用一块磁盘一样。把若干块磁盘通过 RAID 的方式组合当做一块磁盘使用,不但获得了比单块磁盘更高的速度、更好的稳定性、更大的存储能力,而且最重要的是为磁盘数据存储提供了冗余的功能,对数据起到了更加安全的保护作用。

RAID 技术主要有以下三种功能特性:

(1)通过对磁盘进行条带化,实现对数据成块存取,减少磁盘的机械寻道时间,提高数据存取速度。

(2)对 RAID 阵列中的若干块磁盘同时读取,减少磁盘的机械寻道时间,提高数据存取速度。

(3)通过镜像或者提供奇偶校验方式,实现数据的冗余安全。

2.4.7　管理层分析

网络管理的目的是提供一种对计算机网络进行规划、设计、操作运行、管理、监控、分析等的手段,从而充分利用资源、提供可靠的服务。当前,网络的规模越来越大,用户日益增多,结构也更加复杂,网络管理已成为一个非常重要的课题。

一个网络管理系统应具有以下功能:

(1) 应具有同时支持网络监视和控制两方面的功能。

(2) 能够管理网络各协议层。

(3) 尽可能大的管理范围。

(4) 尽可能小的系统开销。

(5) 可管理不同厂家的网络设备。

(6) 可容纳不同的网络管理系统。

(7) 网络管理的标准化。

1. 网络管理系统的构成

一个网络管理系统由多个部件组成,包括网络管理协议(管理者和被管理者之间的操作规范)、网络管理工作站(作为管理者,一个网络中可以有一个或几个)、代理(被管理者,网上有多个被管理者)、管理信息库(网络管理具体的操作对象)。

2. 网络管理平台的选择

最常见的网络管理平台有 HP 的 OpenView、IBM 的 NetView /6000 等,不过它们都需要 UNIX 操作环境。Windows 环境的网管软件有 Cisco 的 Cisco Work、3COM 的 Transcend、Bay Networks 的 Optiviity、Cabletron 的 Spectrum 等。而网络管理平台的选择一般是根据网络设备的品牌和型号来选的。

还有一些免费的网络管理软件,比如 MRTG、PRTG 等。

2.5 网络架构解决方案

2.5.1 物理层解决方案

根据集团企业用户的需求,在网络结构中,在接入层使用百兆以太网交换机接入桌面,再上行到汇聚层交换机,使用链路聚合技术增强链路的带宽。

在核心层上,采用链路聚合技术并使用双核心交换机使链路带宽更大。

外网出口链路使用 DDN 专线和 Internet 接入,实现集团业务分离,并实现链路冗余。

2.5.2 链路层解决方案

使用 VLAN 技术,对内网各部门之间的子网络进行管理,保证了网络安全,更易于网络管理。

在外网接入链路中,在主业务链路上(DDN 专线)使用 PPP 协议,并采用 CHAP 验证机制,进行身份验证,增强链路的安全性。

2.5.3 网络层解决方案

使用(Open Shortest Path First,开放式散短路径优先)动态路由协议,OSPF 是链路状态路由协议,网络收敛速度快,进行增量更新,减少网络流量。OSPF 动态路由协议适合于大型网络,对于集团网络更具有可扩展性。

在网络的出口使用 NAT(Network Address Translation,网络地址转换)技术,实现私有地址可以访问互联网,并减少了 IP 地址的浪费。

2.5.4 应用层解决方案

1. Microsoft Exchange Server 2007

Microsoft Exchange Server 2007 是 Microsoft Exchange Server 的下一版本,它是业界领先的电子邮件、日历和统一信息服务器。作为一套改良的企业统一沟通平台,Exchange Server 2007 支持 x64 平台、(Input/Output Operations Per Second,每秒读写操作次数)更是降低了 75%,其创新的 LCR(Low Code Rate,低码片速度)技术可以极大地降低企业在数据备份和恢复上的投入。

Exchange 2007 是纯粹的 64 位消息协作平台,其主要的变化包括新的基于角色的架构,它要求用户提供 5 种类型的服务器,以支持诸如远程客户访问、传输/路由、邮箱和统一消息功能等。目前的 Exchange 版本只为用户提供两个部署选项,即前端服务器和后端服务器。Exchange Server 2007 增加了许多新的特性和功能以满足多数组织、企业不同的需求,为管理员提供了功能强大的新工具来完成他们的工作,为最终用户提供了更多访问方式来连接到邮箱,且邮箱可以包括一天中需要的多种信息。Microsoft®Exchange Server 2007 Service Pack 1,它既可用于执行完整的 Exchange Server 2007 安装(所有 SP1 更新已就绪),又可用于更新现有的 Exchange Server 2007 安装。Exchange Server 2007 SP1 不仅能够安装在 Windows Server®2003 SP1/SP2/R2 上,还与将来版本 Windows Server 2008 兼容。

2. IIS 6.0

IIS 6.0 和 Windows Server 2003 在网络应用服务器的管理性、可用性、可靠性、安全性与可扩展性方面提供了许多新的功能。IIS 6.0 同样增强了网络应用的开发与国际性支持。IIS 6.0 和 Windows Server 2003 提供了最可靠的、高效的、连接的、完整的网络服务器解决方案。

IIS 6.0 提供了更智能的、更可靠的 Web 服务器环境,新的环境包括应用程序健康监测、应用程序自动地循环利用。其可靠的性能提高了网络服务的可用性并且节省了管理员用于重新启动网络服务所花费的时间,IIS 6.0 将提供最佳的扩展性和强大的性能从而充分发挥每一台 Web 服务器的最大功效。

IIS 6.0 在安全与管理方面做出了重大的改进。安全性能的增强包括技术与需求处理变化两方面。另外,增强了在安全方面的认证和授权。IIS 6.0 的默认安装是被全面锁定的,这意味着默认系统的安全系数就被设为最大,它提供的增强的管理性能改善了 XML Metabase 的管理及新的命令行工具。

IIS 6.0 是一个具有高伸缩性的 Web 服务器,它为 Web 服务器的合并提供了新的机遇。通过将可靠的体系结构和内核模式驱动程序完美结合在一起,IIS 6.0 允许用户在单台服务器上托管更多的应用程序。服务器合并还可以降低企业与人工、硬件以及站点管理相关的成本。

通过 Windows Server 2003 与 IIS 6.0 支持的先进功能如内核模式缓存,应用程序开发人员将从 Windows Server 2003 与 IIS 6.0 单一的、完整的应用平台环境中受益。基于

IIS 6.0，Windows Server 2003 为开发者提供高标准的附加功能，包括快速应用程序开发以及广泛的语言选择，同时也提供了国际化支持和支持最新的 Web 标准。

IIS 6.0 显著改进了 Web 服务器的安全性。IIS 6.0 在默认情况下处于锁定状态，从而减少了暴露在攻击者面前的攻击表面积。此外，IIS 6.0 的身份验证和授权功能也得到了改进。IIS 6.0 还提供了更多更强大的管理功能，改善了对 XML 元数据库（MetaBase）的管理，并且提供了新的命令行工具。IIS 6.0 在降低系统管理成本的同时大大提高了信息系统的安全性。

3. SQL Server

SQL Server 2005 是一个全面的数据库平台，使用集成的商业智能（Business Intelligence）工具提供了企业级的数据管理。SQL Server 2005 数据库引擎为关系型数据和结构化数据提供了更安全可靠的存储功能，使用户可以构建和管理用于业务的高可用和高性能的数据应用程序。

SQL Server 2005 数据引擎是企业用户数据管理解决方案的核心。此外，SQL Server 2005 结合了分析、报表、集成和通知功能。这使企业级用户可以构建和部署经济有效的 BI 解决方案，帮助客户团队通过记分卡、Dashboard、Web Services 和移动设备将数据应用推向业务的各个领域。

与 Microsoft Visual Studio、Microsoft Office System 以及新的开发工具包（包括 Business Intelligence Development Studio）的紧密集成使 SQL Server 2005 与众不同，无论用户是开发人员、数据库管理员、信息工作者还是决策者，SQL Server 2005 都可以提供创新的解决方案，帮助用户从数据中更多地获益。

4. VSFTP

VSFTP 是一个基于 GPL 发布的类 UNIX 系统上使用的 FTP 服务器软件，它的全称是 Very Secure FTP 从此名称可以看出来，编制者的初衷是代码的安全。

安全性是编写 VSFTP 的初衷，除了这与生俱来的安全特性以外，高速与高稳定性也是 VSFTP 的两个重要特点。

在速度方面，使用 ASCII 代码的模式下载数据时，VSFTP 的速度是 Wu-FTP 的两倍，如果 Linux 主机使用 2.4 * 的内核，在千兆以太网上的下载速度可达 86MB/s。

在稳定性方面，VSFTP 就更加出色，VSFTP 在单机（非集群）上支持 4000 个以上的并发用户同时连接，根据 Red Hat 的 FTP 服务器（ftp. redhat. com）的数据，VSFTP 服务器可以支持 15000 个并发用户。

VSFTP 有以下 9 个特点：

（1）它是一个安全、高速、稳定的 FTP 服务器。

（2）它可以做基于多个 IP 的虚拟 FTP 主机服务器。

（3）匿名服务设置十分方便。

（4）匿名 FTP 的根目录不需要任何特殊的目录结构、系统程序或其他的系统文件。

（5）不执行任何外部程序，从而减少了安全隐患。

（6）支持虚拟用户，并且每个虚拟用户可以具有独立的属性配置。

（7）可以设置从 inetd 中启动，或者独立的 FTP 服务器两种运行方式。

（8）支持两种认证方式（PAP 或 xinetd/tcp_wrappers）。

（9）支持带宽限制。

VSFTP 市场应用十分广泛,很多国际性的大公司和自由开源组织都在使用,如 Red Hat、Suse、Debian、OpenBSD。

2.5.5　网络安全解决方案

1. 防火墙

RG-WALL 160Mbps(见图 2.3)是锐捷网络推出的接口丰富、配置灵活、网络适应能力好的准千兆防火墙产品。该产品基于自主开发的 RG-SecOS,在高性能硬件平台的支撑下,处理能力可以轻松突破 1000Mbps。主要功能包括扩展状态检测、ACL、IPS/URL 过滤、HTTP 透明代理、SMTP 代理、分离 DNS、NAT 功能和审计/报告等。

图 2.3　RG-WALL 160M 防火墙

RG-WALL 160E/T/M/S 采用锐捷网络独创的分类算法(Classification Algorithm)设计的新一代安全产品——第三类防火墙,支持扩展的状态检测(Stateful Inspection)技术,具备高性能的网络传输功能。同时在启用动态端口应用程序(如 VoIP、H323 等)时,可提供强有力的安全信道。

RG-WALL 160E/T/M/S 采用锐捷独创的分类算法使得它的高速性能不受策略数和会话数多少的影响,产品安装前后丝毫不会影响网络速度。同时,RG-WALL 在内核层处理所有数据包的接收、分类、转发工作,因此不会成为网络流量的瓶颈。另外,RG-WALL 具有入侵监测功能,可判断攻击并且提供解决措施,且入侵监测功能不会影响防火墙的性能。

RG-WALL 160E/T/M/S 产品广泛应用于政府、金融、教育、医疗、军队等行业的准千兆网络环境。配合锐捷网络的交换机、路由器产品,可以为用户提供完整的端到端解决方案,是网络出口和不同策略区域之间安全互联的理想选择。

2. VPN 网关

RG-WALL V 系列安全网关(见图 2.4)是集成了 VPN、防火墙、入侵防御和流量控制技术的软硬件一体化专用安全设备。该系列产品以“高安全”、“强适应”、“高可靠”、“易兼容”和“易管理”为核心设计理念,将高度安全机制、智能联动应用系统、高稳定可靠和灵活方便的管理有机地融合为一体,有效地实现了“主/被动安全防御”的完美结合。

图 2.4　RG-WALL V 网关产品

RG-WALL V 系列安全网关经过简单配置即可方便地在企业总部和分支机构、移动用户以及合作伙伴之间建立安全的数据传输通道,对传输的数据进行有效的安全保护,是大量分子机构拨入、大量移动用户接入、内网安全保障和专线备份等应用环境下的理想选择。

RG-WALL V 系列安全网关产品广泛应用于政府、金融、教育、医疗、军队、企业等行业的网络环境中。配合锐捷网络的交换机、路由器、存储、无线和软件等产品,可以为用户提供完整的端到端的全网解决方案。

3. 入侵检测系统

入侵检测系统以旁路的方式在网络中部署,并且实时检测数据包并从中发现攻击行为或可疑行为,这就要求 RG-IDS(见图 2.5)对攻击行为的检测有极高的准确性,错误的攻击行为检测可能比攻击行为本身带来的危害还要巨大。为了保证准确性,RG-IDS 使用了多种攻击识别和检测技术,在这些技术中,每一种都有其固有的优势和弱点,这也说明了为什么没有一种单一的入侵检测技术能够达到用户可接受的防护效果。

图 2.5　RG-IDS

RG-IDS 采用基于状态的应用层协议分析技术。状态协议分析技术基于对已知协议结构的了解,通过分析数据包的结构和连接状态,检测可疑连接和事件,极大地提高了检测效率和准确性,不仅能准确识别所有的已知攻击,还可以识别未知攻击,并使采用 IDS 躲避技术的攻击手段彻底失效。利用协议分析已知的通信协议,在处理数据帧和连接时更加迅速和有效、准确,减少了误报的可能性。

能够关联数据包前后的内容,对孤立的数据包不进行检测,这和普通 IDS 检测所有数据包有着本质的区别。它具有判别通信行为真实意图的能力,它不会受到像 URL 编码、干扰信息、IP 分片等入侵检测系统规避技术的影响。

① 高性能。RG-IDS 采用高效的入侵检测引擎,综合使用虚拟机解释器、多进程、多线程技术,配合专门设计的高性能的硬件专用平台,能够实时处理高达两千兆的网络流量。

② 行为描述代码。用户可以非常方便地使用"行为描述代码"自行创建符合企业要求的新的特征签名,扩大检测范围,个性化入侵检测系统。

③ 分布式结构。RG-IDS 采用先进的多层分布式体系结构,包括控制台、事件收集器、传感器,这种结构能够更好地保证整个系统的可生存性、可靠性,也带来了更多灵活性和可伸缩性,适应各种规模的企业网络的安全和管理需要。

- 全面检测能力。
- 支持对预攻击探测行为的检测。
- 支持对口令猜测行为的检测。
- 支持对 Windows 系统漏洞攻击的检测。
- 支持对 UNIX 系统攻击的检测。
- 支持对特洛伊木马活动的检测。
- 支持对蠕虫/病毒传播的检测。
- 支持对拒绝服务攻击的检测。

- 支持对 CGI/WWW 攻击的检测。
- 支持对缓冲区溢出攻击的检测。
- 支持对非法访问行为的检测。
- 支持对常见 P2P 软件活动的检测。
- OS FingerPrint 识别能力。
- 对 FTP、WWW、SMTP、SMB、NNTP、NDMP、SIP 等常见协议的兼容性检测。
- 支持对用户定义网络连接事件的检测。
- 支持对用户自定义签名的检测。
- 高可靠性。

RG-IDS 是软件与硬件紧密结合的一体化专用硬件设备。硬件平台采用严格的设计和工艺标准,保证了高可靠性。独特的硬件体系结构大大提升了处理能力、吞吐量。操作系统经过优化和安全性处理,保证系统的安全性和抗毁性。

- 高可用性

RG-IDS 的所有组件都支持 HA 冗余配置,保证提供不间断的服务。

- 隐秘部署

RG-IDS 支持安全的部署模式为隐秘配置。

- 灵活响应

RG-IDS 提供了丰富的响应方式,如向控制台发出警告,发提示性的电子邮件,向网络管理平台发出 SNMP 消息,自动终止攻击,重新配置防火墙,执行一个用户自定义的响应程序等。

- 低误报率

RG-IDS 采用基于状态的应用层协议分析技术,同时允许用户灵活地调节签名的参数和创建新的签名,大大降低了误报率,提高了检测的准确性。

- 简单易用

RG-IDS 安装简单、升级方便、查询灵活,并能生成适合各级管理者任意需要的多种格式的报告。

4. RADIUS 服务器

RADIUS(Remote Authentication Dial-In User Service,远程认证拨号用户服务)是一种分布式的客户机/服务器系统,与 AAA 结合对试图连接到服务或设备的用户进行身份认证,防止未经授权的访问。RADIUS 客户端运行在设备或网络访问服务器(Network Access Service,NAS)上(例如接入服务器或路由器),并向 RADIUS 服务器发出身份认证请求,RADIUS 服务器包含了所有的用户身份认证和网络服务信息。由于 RADIUS 是一种完全开放的协议,很多系统如 UNIX、Windows 2000 等均将 RADIUS 服务器作为一个组件安装,因此 RADIUS 是目前应用最广泛的安全服务器。

之所以 RADIUS 在网络中得到非常广泛的应用,是因为其具有以下特点。

- 客户/服务器模型:网络接入设备(NAS)通常作为 RADIUS 服务器的客户端,负责将认证用户的信息发送到 RADIUS 服务器,RADIUS 服务器根据用户信息和自己数据库中的记录返回相应的结果。在某些情况下,一台 RADIUS 服务器也可作为另一台 RADIUS 服务器或其他类型的认证服务器的代理客户端。

- 安全性：RADIUS 服务器与 NAS 之间使用共享密钥对敏感信息进行加密，该密钥不会在网络上传输。
- 可扩展的协议设计：RADIUS 使用属性-长度-值（Attribute-Length-Value，AVP）数据封装格式，用户可以自定义其他的私有属性，扩展 RADIUS 的应用。
- 灵活的鉴别机制：RADIUS 服务器支持多种方式对用户进行认证，如 PAP、CHAP、UNIX login 等。

2.5.6 容错和高可用性解决方案

1. Windows Cluster

通过 Microsoft 群集服务实现故障转移。

Microsoft 群集服务（Microsoft Cluster Service，MSCS）故障转移功能是通过群集中连接的多个计算机中的冗余实现的，每台计算机都具有独立的故障状态。为了实现冗余，需要在群集中的多个服务器上安装应用程序。但在任一时刻，应用程序只在一个节点上处于联机状态。当该应用程序出现故障或该服务器停机时，此应用程序将在另一个节点上重新启动。Windows Server 2003 数据中心版支持在一个群集中最多包含 8 个节点。

每个节点都具有自己的内存、系统磁盘、操作系统和群集资源的子集。如果某一节点出现故障，另一个节点将接管故障节点的资源（此过程称为"故障转移"）。然后，Microsoft 群集服务将在新节点上注册资源的网络地址，以便将客户端流量路由至当前拥有该资源的可用系统。当故障资源恢复联机状态时，MSCS 可配置为适当地重新分配资源和客户端请求（此过程称为"故障恢复"）。要使应用程序恢复到发生故障转移时的那一点，节点必须能够访问保持应用程序状态的共享存储区。

容错服务器通常使用结合了特定软件的高级硬件或数据冗余，提供从单个硬件或软件故障近乎瞬时的恢复。这类解决方案的成本远远高于群集解决方案，因为用户必须购买冗余硬件，而冗余硬件只不过闲置在那里用于故障恢复。Microsoft 群集服务使用价格适宜的标准硬件提供出色的高可用性解决方案，同时最大程度地利用计算资源。

Microsoft 群集服务基于无共享的群集模型。无共享模型规定，虽然群集中有多个节点可以访问设备或资源，但该资源在一个时刻只能由一个系统占有和管理（在 MSCS 群集中，资源是指任何可以联机或脱机、可在群集中进行管理、一个时刻只能以一个节点作为宿主并可以在节点之间移动的物理组件或逻辑组件）。

2. IP SAN

IP SAN 存储技术，顾名思义是在传统 IP 以太网上架构一个 SAN 存储网络把服务器与存储设备连接起来的存储技术。IP SAN 其实在 FC SAN 的基础上再进一步，它把 SCSI 协议完全封装在 IP 协议之中。简单来说，IP SAN 就是把 FC SAN 中光纤通道解决的问题通过更为成熟的以太网实现了，从逻辑上讲，它是彻底的 SAN 架构，即为服务器提供块级服务。

IP SAN 技术有其独特的优点：节约大量成本、加快实施速度、优化可靠性以及增强扩展能力等。采用 iSCSI 技术组成的 IP SAN 可以提供和传统 FC SAN 相媲美的存储解决方案，而且普通服务器或 PC 只需要具备网卡，即可共享和使用大容量的存储空间。与传统的分散式直连存储方式不同，它采用集中的存储方式，极大地提高了存储空间的利用率，方便了用户的维护管理。

iSCSI 是基于 IP 协议的,它能容纳所有 IP 协议网络中的部件。通过 iSCSI ,用户可以穿越标准的以太网线缆,在任何需要的地方创建实际的 SAN 网络,而不需要专门的光纤通道网络在服务器和存储设备之间传送数据。iSCSI 可以实现异地间的数据交换,使远程镜像和备份成为可能。因为没有光纤通道对传输距离的限制,IP SAN 使用标准的 TCP/IP 协议,数据即可在以太网上进行传输。

2.5.7 管理层解决方案

MRTG(Multi Router Traffic Grapher)是一个监控网络链路流量负载的工具软件,它通过 SNMP 协议从设备中得到设备的流量信息,并将流量负载以包含 PNG 格式的图形的 HTML 文档方式显示给用户,以非常直观的形式显示流量负载。其具有以下特性。

- 可移植性:目前可以运行在大多数 UNIX 系统和 Windows 之上。
- 源码开放:MRTG 是用 perl 编写的,源代码完全开放。
- 高可移植性的 SNMP 支持:MRTG 采用了 Simon Leinen 编写的具有高可移植性的 SNMP 实现模块,从而不依赖于操作系统的 SNMP 模块支持。
- 支持 SNMPv2c:MRTG 可以读取 SNMPv2c 的 64 位计数器,从而大大减少了计数器回转次数。
- 可靠的接口标识:被监控设备的接口可以以 IP 地址、设备描述、SNMP 对接口的编号及 MAC 地址来标识。
- 常量大小的日志文件:MRTG 的日志不会变大,因为这里使用了独特的数据合并算法。
- 自动配置功能:MRTG 自身有配置工具套件,使得配置过程非常简单。
- 性能:时间敏感的部分使用 C 代码编写,因此具有很好的性能。
- PNG 格式图形:图形采用 GD 库直接产生 PNG 格式。
- 可定制性:MRTG 产生的 Web 页面是完全可以定制的。

2.6 集团公司网络设计方案

2.6.1 企业园区骨干设计

集团企业网络是按照标准的企业网功能模块进行划分的,分为企业园区、企业边缘、服务提供商边缘三层结构。企业园区分为接入、骨干、服务器群,在此网络结构中,将核心层与汇聚层合并为骨干。

在企业骨干区域使用的是双核心技术,通过使用链路聚合增加核心交换机之间链路带宽和冗余特性。采用 VRRP(Virtual Router Redundancy Protocol,虚拟路由器冗余协议)与 MSTP(Multiple Spanning Tree Protocol,多生成树协议)相结合的技术实现链路冗余和负载均衡的功能,实现高可用性。

1. 设备选型

在核心层交换机选择过程中,需要满足以下条件:

(1)为适应网络拓扑的可扩展性,选择支持 IPv4/IPv6 双栈协议的多层交换机。交换机具备内在的安全防御机制和用户管理能力,可有效防止及控制病毒传播及网络攻击,控制非法用户接入和使用网络,保证合法用户合理化使用网络资源,充分保障网络的安全性以及网络合理化使用和运营。

需要支持 SNMP(Simple Network Management Protocol,简单网络管理协议)、Telnet、Web 和 Console 口等多种管理接口,便于管理员在大型网络中使用。

(2)需要提供端到端的服务质量、灵活丰富的安全措施和基于策略的网络管理,最大化满足高速、安全、多业务的下一代企业网需求。

(3)交换机可有效防范和控制病毒传播及黑客攻击,如预防 DOS 攻击、防黑客 IP 扫描机制、端口 ARP(Address Resolution Protocol,地址解析协议)报文的合法性检查、多种硬件 ACL(Access Control List,访问控制列表)策略等。

(4)支持硬件实现端口或交换机整机与用户 IP 地址和 MAC 地址的灵活绑定,严格限定端口上的用户接入或交换机整机上的用户接入问题。

(5)支持专用的硬件防范 ARP 网关欺骗和 ARP 主机欺骗功能,有效遏制网络中日益泛滥的 ARP 网关欺骗和 ARP 主机欺骗的现象,保障用户的正常上网。

(6)支持控制非法用户使用网络,保证合法用户合理化使用网络,如多元素绑定、端口安全、时间 ACL、基于数据流的带宽限速等,满足企业网、校园网加强对访问者进行控制、限制非授权用户通信的需求。

(7)支持各种单播和组播动态路由协议,可适应不同的网络规模和需要进行大量多播服务的环境,实现网络的可扩展和多业务应用。

(8)支持 802.1P、IP TOS、二到七层流过滤等完整的 QoS(Quality of Service,服务质量)策略,实现基于全网系统多业务的 QoS 逻辑。

(9)支持生成树协议 IEEE 802.1d/IEEE 802.1w/IEEE 802.1s,完全保证快速收敛,提高容错能力,保证网络的稳定运行和链路的负载均衡,合理使用网络通道,提高冗余链路利用率。

(10)支持 VRRP 虚拟路由器冗余协议,有效保障网络的稳定性。

(11)支持 RLDP(Rapid Link Detection Protocol,快速链路检测协议),可快速检测链路的通断和光纤链路的单向性,并支持端口下的环路检测功能,防止出现端口下因私接 Hub 等设备形成的环路而导致网络故障的现象。

2. 园区骨干设计

根据对用户的需求分析,园区骨干区域设计如下:

(1)为了保障二层链路的冗余,在骨干区域中核心交换机上使用 MSTP 技术,并实现交换机和链路的负载均衡。

(2)为了保障三层链路的冗余,在骨干区域中的核心交换机上使用 VRRP 技术,保障每个网段数据流实现冗余,并与 MSTP 技术相结合使用,实现流量的负载均衡和链路的冗余。

(3)在下行与接入层交换相连的时候,使用链路聚合技术,不但实现链路带宽的增大,防止拥塞,而且还可以实现负载均衡。

(4)在路由功能方面,在核心交换机上使用 OSPF 动态路由协议,并将骨干区域作用 OSPF 的骨干区域,成为其他区域的中转区域。

(5)骨干区域的网络管理方面,需要配置 SNMP 简单网管协议,接受网络服务的监控,保障网络管理动态了解骨干区域的网络流量及状态。对骨干区域的所有的网络设备配置远程管理功能,并采用 RADIUS 认证方式,保障网络设备的安全性。

(6)骨干区域安全方面,为了路由协议的安全性,需要基于接口采用 MD5 的认证方式,保障路由更新的安全,采用风暴控制技术、ARP 检测技术和系统防护措施保障骨干区域数据流与设备的安全。

园区骨干区域拓扑结构如图 2.6 所示。

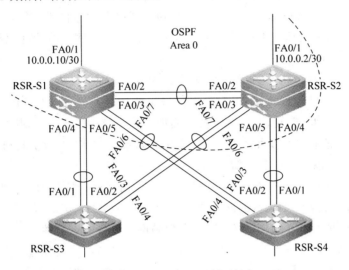

图 2.6　园区骨干区域拓扑图

2.6.2　企业园区接入设计

在企业园区接入区域,上行到核心层交换机时,采用的链路聚合技术,增加其网络带宽。接入层交换机双链路上行到核心层交换机,增加了物理链路的冗余,增强高可用性。

1. 设备选型

接入层交换机需要具备以下条件:

(1)支持智能的流分类和完善的服务质量(QoS)以及组播管理特性,并可以实施灵活多样的 ACL 访问控制。可通过 SNMP、Telnet、Web 和 Console 口等多种方式提供丰富的管理。

(2)需要提供端到端的服务质量、灵活丰富的安全措施和基于策略的网管,最大化满足高速、安全、多业务的下一代企业网需求。

(3)交换机可以有效防范和控制病毒传播和黑客攻击,如预防 DOS 攻击、防黑客 IP 扫描机制、端口 ARP 报文的合法性检查、多种硬件 ACL 策略等。

(4)支持硬件实现端口或交换机整机与用户 IP 地址和 MAC 地址的灵活绑定,严格限定端口上的用户接入或交换机整机上的用户接入问题。

(5)支持专用的硬件防范 ARP 网关和 ARP 主机欺骗功能,有效遏制了网络中日益泛滥的 ARP 网关欺骗和 ARP 主机欺骗的现象,保障了用户的正常上网。

(6)支持控制非法用户使用网络,保证合法用户合理化使用网络,如多元素绑定、端口安全、时间 ACL、基于数据流的带宽限速等,满足企业网、校园网加强对访问者进行控制、限制非授权用户通信的需求。

（7）支持各种单播和组播动态路由协议，可适应不同的网络规模和需要进行大量多播服务的环境，实现网络的可扩展和多业务应用。

（8）支持 802.1P、IP TOS、二到七层流过滤、SP、WRR 等完整的 QoS 策略，实现基于全网系统多业务的 QoS 逻辑。

（9）支持生成树协议 IEEE 802.1d、IEEE 802.1w、IEEE 802.1s，完全保证快速收敛，提高容错能力，保证网络的稳定运行和链路的负载均衡，合理使用网络通道，提供冗余链路利用率。

（10）支持 RLDP，可快速检测链路的通断和光纤链路的单向性，并支持端口下的环路检测功能，防止端口下因私接 Hub 等设备形成的环路而导致网络故障的现象。

2. 园区接入设计

根据对用户的需求分析，园区接入区域设计如下：

（1）为了保障二层链路的冗余，在骨干区域中核心交换机上使用 MSTP 技术，并实现交换机和链路的负载均衡，使用 802.1s 技术实现接入层交换机接入终端时，快速转发数据。

（2）在上行与核心层交换相连的时候，使用链路聚合技术，不但实现链路带宽的增大，防止拥塞，而且还可以实现负载均衡。

（3）接入区域的网络管理方面，需要配置 SNMP 简单网管协议，接受网络服务的监控，保障网络管理动态了解骨干区域的网络流量及状态。对骨干区域的所有的网络设备需要配置远程管理功能，并采用 RADIUS 认证方式，保障网络设备的安全性。

（4）接入区域安全方面，为了保障生成树协议安全运行，需要使用 BPDU Filter、BPDU GUARD 等技术。采用风暴控制技术、ARP 检测技术和系统防护措施保障骨干区域数据流与设备的安全，使用端口安全技术保障接入终端安全。使用访问控制技术实现数据流量的限制。

（5）接入层接入终端时，需要使用 802.1X 技术保障终端接入的合法性。

园区接入区域拓扑结构如图 2.7 所示。

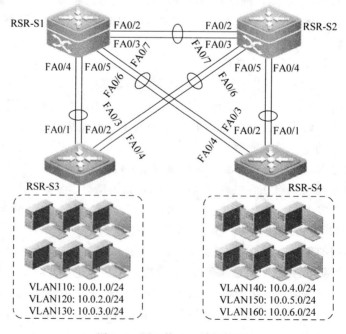

图 2.7　园区接入区域拓扑图

2.6.3　企业边缘设计

集团企业网由两条链路接入,一条是 10M DDN 专线,主要是承载公司的业务数据,这里包括(Office Automation,办公自动化)服务、FTP 服务和 DB 服务等。另外一条链路是接入到 Internet 网络,用于为内网提供访问互联网的服务。

在企业边缘区需要为业务提供 7×24 小时服务,为实现这一功能,当专用线路出现故障的时候,需要通过 Internet 链路为企业提供服务。同时为了保证数据的安全性,需要使用 VPN 技术对数据进行加密。

为了方便远程办公用户能够安全地访问到内网服务器,在企业边缘区架设 VPN 网关设备,实现远程接入功能。

1. 设备选型

在企业边缘区域,选择出口设备采用的路由器和 VPN 网关设备时需要注意以下参数。

路由器需要支持的参数:

(1) 需要支持丰富的安全功能,包括 Firewall、IPSec VPN、Secure Shell(SSH)协议、CQ(Customized Queue,用户定制队列)入侵保护、DDoS(Distributed Denial of Service,分布式拒绝服务)防御、攻击防御等。

(2) 需要支持认证、授权、记录用户信息的 AAA(Authentication Authorization Accounting,认证授权记账)技术,支持 Radius、TACACS+认证协议。

(3) 需要在 NAT 应用下支持 L2TP/PPTP(Layer 2 Tunneling Protocol/Point to Point Tunneling Protocol,第二层隧道协议/点对点隧道协议)的穿透功能。

(4) 需要支持多业务线速并发。

(5) 支持 QoS 带宽控制精度极高,误差小于 1%。

(6) 支持 PQ(Priority Queuing,优先队列算法)、CQ(Customized Queue,用户定制队列)、FIFO(First Input First Output,先入先出队列)、WFQ(Weighted Fair Queuing,加权公平队列)等拥塞管理排队策略。

(7) 支持 WRED(Weighted Random Early Detection,加权随机先期检测)、RED(Random Early Detection,随机先期检测)的拥塞避免策略。

(8) 支持 GTS(Generic Traffic Shaping,通用流量整形)流量整形策略。

(9) 支持流量监管(Commit Access Rate,CAR)策略。

(10) 支持基于压缩报文技术的链路效率的 QoS 策略。

(11) 支持设置语音数据包优先级,可以为中小型企业提供满足要求的、高性价比的多功能服务平台。

VPN 网关需要支持的参数:

(1) 支持静态路由、策略路由和 RIP/OSPF 等动态路由部署。

(2) 具备隧道状态自动维护机制:实时探测、断线重连。

(3) 支持证书压缩机制、IPsec 分片技术以及独有的专利技术 TTG 隧道保障技术和 MTU 探测修改技术,来保障链路通信的强适应性。

(4) 支持带宽叠加、隧道压缩和带宽管理技术,保障高性能的网络通信。

2. 企业边缘设计

根据对用户的需求分析,企业边缘设计如下:

（1）使用 NAT 技术保障内部用户可以正常访问互联网，并且需要使用 NAT 技术将内网的资源发布到互联网，比如 Web 服务器、FTP 服务器。

（2）企业边缘接入互联网使用两条链路，一条为租用线路，专门为企业集团与分公司之间的业务流量提供服务，另一条链路为集团内部用户访问互联网使用，如果当租用链路由于某种原因宕机了，需要使用另外一条互联链路承载业务流量，由于互联网是极为不安全的，所以需要采用 IPSec VPN 技术，保障数据的安全性。

（3）当公司员工出差或进行 SOHO 时，需要能够安全访问企业内网服务器资源，所以需要使用 VPN 网关来提供远程接入访问，为保障远程用户的安全性，需要使用 RADIUS 认证方式。

（4）企业边缘的网络管理方面，需要配置 SNMP 简单网管协议，接受网络服务的监控，保障网络管理动态了解骨干区域的网络流量及状态。对骨干区域的所有的网络设备需要配置远程管理功能，并采用 RAIUS 认证方式，保障网络设备的安全性。

（5）在边缘区域使用 OSPF 动态路由协议和静态路由协议，将与分公司相连的链路划分到非骨干区域。在防火墙和 VPN 设备上也使用动态路由协议 OSPF，保障路由协议的安全，在 OSPF 动态路由协议上使用 MD5 认证方式。

（6）边缘区域安全方面，为保障网络安全，在网络出口路由器的后面架设一台防火墙，并将其划分内网、外网和 DMZ 三个区域。将服务器群放置在 DMZ 区域，使用防火墙保障合法流量能够正常访问互联网，保障外网用户正常访问 DMZ 区域的服务器资源，保障远程用户能够安全地访问 DMZ 服务器资源。同时也可以使用防火墙防攻击功能，防止如 DDOS 之类的攻击，使用防火墙的保护功能，保障服务器能够达到对资源的正常利用。

（7）在与分公司使用租用链路相连时，使用 CHAP 认证保障链路的安全和分公司设备的身份安全。

（8）在网络出口路由器使用访问控制技术，防止冲击波和震荡波等病毒入侵。

企业边缘区域拓扑结构如图 2.8 所示。

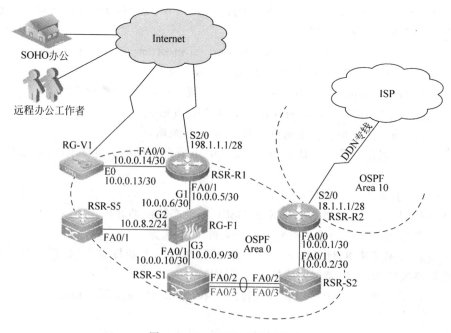

图 2.8　企业边缘区域拓扑图

2.6.4　服务器群设计

服务器群规划在防火墙的 DMZ 区域,确保服务器既可以提供网络服务,又保证其服务器安全。在服务器群中部署入侵检测系统,用来检测一些潜在的风险和威胁。

1. 应用系统设计

为了保障网络用户的安全且能够统一管理网络中的用户,在服务器群中架设域服务器,为内网用户提供身份验证服务。并将 DNS 服务安装到此服务器上,同时将此服务器设置为证书服务器。

在服务器群中架设 DHCP(Dynamic Host Configuration Protocol,动态主权设置协议)服务器,为内网主机提供动态的 IP 地址,采用微软服务器版本。

在服务器群中架设 Web 服务器用来提供集团公司的门户服务,所以采用 Windows Cluster 服务,提供高可用性。所有的服务器的数据存储在 IP SAN 的磁盘阵列柜,提高数据的安全性。为保证数据的安全性,磁盘阵列柜采用的是 RAID5 技术。

在服务器群中架设数据库服务器,采用微软的 SQL Server 2005 软件,为了保证数据的安全,将数据库安装在磁盘阵列提供的磁盘空间中,为了保障其高可用性,数据库也采用群集技术。

在服务器群中架设 FTP 服务器,采用 Linux 操作系统,在 Linux 操作系统上安装 VSFTP 服务,因为 VSFTP 软件安全性很高,支持虚拟用户登录。为了保障数据的安全性,也采用 IP SAN 技术,将数据存储在磁盘阵列柜中。

在服务器群中架设 Mail 服务器,采用微软的 Exchange Server 2003 软件。要求用户能够使用邮件系统发送邮件,保障与用户信息的沟通。为了方便远程用户安全访问邮件系统,允许用户使用 OWA 采用 SSL 方式登录邮件,并允许用户更改口令。

在服务器群中架设网络管理服务器,使用 MRTG 软件来管理网络、查看网络流量,同时要求 MRTG 与 IIS6.0 结合使用。并将网络管理服务器架设成为 RADIUS 服务器,提供用户认证,如终端用户的 802.1X 认证、远程 VPN 用户认证以及远程管理网络设备用户的认证。

磁盘阵列服务器为其他应用服务器提供安全的数据存储空间,其采用 IP SAN 的技术,本地硬盘为 4 块 80GB 磁盘,保证数据的冗余性,采用 RAID5 技术。为保障应用服务能够安全访问磁盘阵列服务,需要使用 CHAP 口令认证。

(1) IP 规划如表 2.2 所示。

表 2.2　IP 规划表

设 备 名 称	接 口 类 型	IP 地 址	备　　注
DC/DNS 服务器	NIC	10.0.8.12/24	
DHCP 服务器	NIC	10.0.8.8/24	
Web 服务器	NIC	10.0.8.14/24	
Web 服务器	NIC	10.0.8.15/24	
Web 服务器	心跳	9.9.9.9/30	
Web 服务器	心跳	9.9.9.10/30	
Web 服务器	虚拟 IP	10.0.8.30/24	

设 备 名 称	接 口 类 型	IP 地 址	备 注
FTP 服务器	NIC	10.0.8.13/24	
Mail 服务器	NIC	10.0.8.10/24	
DB 服务器	NIC	10.0.8.11/24	
DB 服务器	NIC	10.0.8.9/24	
DB 服务器	心跳	8.8.8.8/30	
DB 服务器	心跳	8.8.8.9/30	
DB 服务器	虚拟 IP	10.0.8.40/24	
IP SAN 服务器	NIC	10.0.8.17/24	
RADIUS 服务器	NIC	10.0.8.18/24	
网络管理服务器	NIC	10.0.8.18/24	

（2）服务器群区域设备功能如表 2.3 所示。

表 2.3 服务器群区域设备功能表

序号	设 备 名 称	系 统 平 台	配 置 内 容	实 现 功 能
1	DC/DNS 服务器	Windows Server 2003	对用户身份进行验证，并进行登录控制	域用户安全
2	IDS	入侵检测系统	派生策略，防止 IP、TCP、UDP、ICMP 攻击	检测攻击
3	DHCP 服务器	Windows Server 2003	创建 6 个作用域，分别给每个部门的主机分配 IP 地址	动态分配主机地址
4	Web 服务器	Windows Server 2003	配置 IIS 服务，配置 Cluster 服务	Web 服务与集群服务
5	FTP 服务器	Linux	使用虚拟用户访问 FTP 服务器	虚拟用户
6	Mail 服务器	Windows Server 2003	Exchange Server 2007	办公自动化
7	DB 服务器	Windows Server 2003	配置 SQL Server 服务	数据库存储
8	IP SAN 服务器	Windows Server 2003	创建 RAID5 磁盘分区	IP SAN 存储
9	RADIUS 服务器	Windows Server 2003	RADIUS 认证	用户认证
10	网络管理服务器	Windows Server 2003	MRTG	网络管理

2. 应用安全设计

为了保障服务器群的安全性，实施以下安全设计：

（1）在服务器群中的服务器提供了多种多样的应用服务资源，访问服群的用户也是多种多样的，包括内网用户、远程访问用户、互联网用户等，这样不可避免地会遇到很多攻击。为了防止服务器群受到攻击，在服务器群中架设一台入侵检测系统（Intrusion Detection Systems，IDS），使用入侵检测系统可以动态地测网络中存在的威胁，并对威胁进行分析，将威胁通告给管理员，这样管理员便可以制订防御措施。

（2）在部署入侵检测系统时，需要对基于 TCP、UDP、IP 和病毒方面的攻击进行检测，并将得到信息及时传递给网络管理员。

服务器群区域拓扑结构如图 2.9 所示。

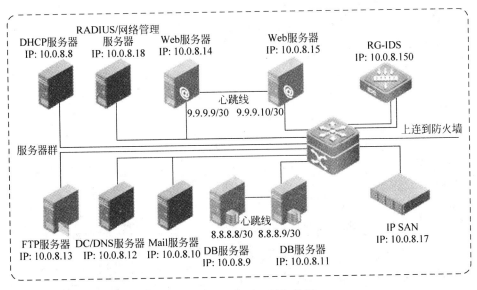

图 2.9　服务器群区域拓扑图

2.6.5　总体规划拓扑设计

集团公司总体规划拓扑图如图 2.10 所示。

拓扑图中的网络设备功能及 IP 规划如表 2.4～表 2.6 所示。

（1）网络设备实现功能

表 2.4　网络设备功能表

序号	设备名称	设备位置	配 置 内 容	实 现 功 能
1	RSR-R1	接入 Internet	NAT、静态路由、访问控制、VPN	访问互联网、安全接入、业务数据备用链路
2	RSR-R2	接入 ISP	动态路由、PPP、PAP、CHAP	接入 ISP、承载业务数据
3	RG-F1	服务器群	区域划分、保护服务器、防火墙、动态路由	内网安全、服务器安全、路由功能
4	RG-V1	远程网关	动态路由、远程接入 VPN	路由功能、远程接入
5	RSR-S1	核心层	MSTP、VRRP、VLAN、链路聚合、动态路由、DHCP Snooping	冗余、备份、快速转发、路由功能
6	RSR-S2	核心层	MSTP、VRRP、VLAN、链路聚合、动态路由、DHCP Snooping	冗余、备份、快速转发、路由功能
7	RSR-S3	接入层	VLAN 策略、端口安全、风暴控制、DHCP Snooping、802.1X	接入层安全、数据转发
8	RSR-S4	接入层	VLAN 策略、端口安全、风暴控制、DHCP Snooping、802.1X	接入层安全、数据转发
5	RSR-S5	服务器	VLAN、端口安全、风暴控制、SPAN	服务器安全、数据转发

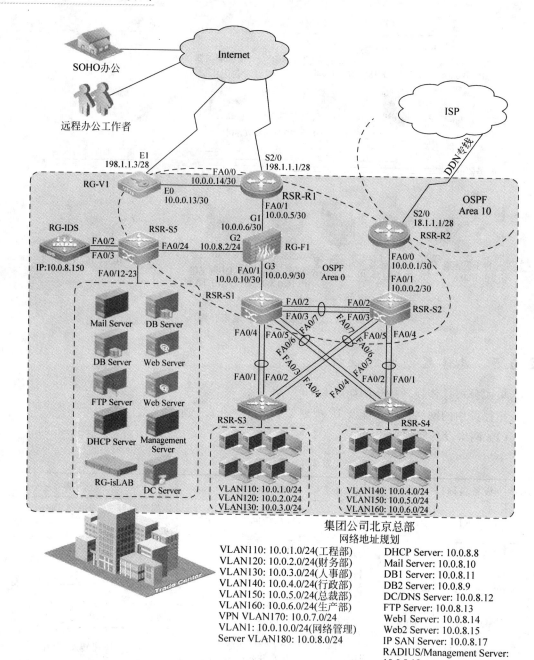

图 2.10　总体规划拓扑图

（2）IP 规划

VLAN 划分如表 2.5 所示。

表 2.5　VLAN 划分表

区 域 名 称	VLAN 划分	子 网 网 段	备　　注
工程部	110	10.0.1.0/24	
财务部	120	10.0.2.0/24	

区 域 名 称	VLAN 划分	子 网 网 段	备 注
人事部	130	10.0.3.0/24	
行政部	140	10.0.4.0/24	
总裁部	150	10.0.5.0/24	
生产部	160	10.0.6.0/24	
VPN VLAN	170	10.0.7.0/24	
服务器群	180	10.0.8.0/24	

IP 规划如表 2.6 所示。

表 2.6　IP 规划表

设 备 名 称	接 口 类 型	IP 地址	备 注
RSR-R1	S2/0	198.1.1.1/28	
RSR-R1	FA0/0	10.0.0.14/30	
RSR-R1	FA0/1	10.0.0.5/30	
RSR-R2	S2/0	18.1.1.1/28	
RSR-R2	FA0/0	10.0.0.1/30	
RG-F1	G1	10.0.0.6/30	
RG-F1	G2	10.0.8.2/24	
RG-F1	G3	10.0.0.9/30	
RG-V1	E0	10.0.0.13/30	
RG-V1	E1	198.1.1.3/28	
RSR-S1	FA0/1	10.0.0.10/30	
RSR-S2	FA0/1	10.0.0.2/30	
IDS	管理接口地址	10.0.8.150/24	

2.7　集团分公司网络设计方案

2.7.1　企业园区骨干设计

集团企业分公司网络是按照标准的企业网功能模块进行划分的,分为企业园区、企业边缘、服务提供商边缘三层结构。企业园区分为接入、骨干、服务器群,在此网络结构中,将核心层与汇聚层合并为骨干。

在企业骨干区域使用的是双核心技术,通过使用链路聚合增加核心交换机之间链路带宽和冗余特性。采用 VRRP 与 MSTP 相结合的技术实现链路冗余和负载均衡的功能,实现高可用性。

1. 设备选型

核心层交换选择过程中,需要满足以下条件:

(1) 为适合网络拓扑的可扩展性,选择支持 IPv4/IPv6 双栈协议的多层交换机,交换机具备内在的安全防御机制和用户管理能力,更可有效防止和控制病毒传播和网络攻击,控制非法用户接入和使用网络,保证合法用户合理化使用网络资源,充分保障网络安全、网络合理化使用和运营。

（2）需要支持 SNMP、Telnet、Web 和 Console 口等多种管理接口，便于管理员在大型网络中使用。

（3）需要提供端到端的服务质量、灵活丰富的安全措施和基于策略的网管，最大化满足高速、安全、多业务的下一代企业网需求。

（4）交换机可以有效防范和控制病毒传播和黑客攻击，如预防 DOS 攻击、防黑客 IP 扫描机制、端口 ARP 报文的合法性检查、多种硬件 ACL 策略等。

（5）支持硬件实现端口或交换机整机与用户 IP 地址和 MAC 地址的灵活绑定，严格限定端口上的用户接入或交换机整机上的用户接入问题。

（6）支持专用的硬件防范 ARP 网关和 ARP 主机欺骗功能，有效遏制了网络中日益泛滥的 ARP 网关欺骗和 ARP 主机欺骗的现象，保障了用户的正常上网。

（7）支持控制非法用户使用网络，保证合法用户合理化使用网络，如多元素绑定、端口安全、时间 ACL、基于数据流的带宽限速等，满足企业网、校园网加强对访问者进行控制、限制非授权用户通信的需求。

（8）支持各种单播和组播动态路由协议，可适应不同的网络规模和需要进行大量多播服务的环境，实现网络的可扩展和多业务应用。

（9）支持 802.1P、IP TOS、二到七层流过滤、SP、WRR 等完整的 QoS 策略，实现基于全网系统多业务的 QoS 逻辑。

（10）支持生成树协议 802.1d、802.1w、802.1s，完全保证快速收敛，提高容错能力，保证网络的稳定运行和链路的负载均衡，合理使用网络通道，提供冗余链路利用率。

（11）支持 VRRP 虚拟路由器冗余协议，有效保障网络稳定。

（12）支持 RLDP，可快速检测链路的通断和光纤链路的单向性，并支持端口下的环路检测功能，防止端口下因私接 Hub 等设备形成的环路而导致网络故障的现象。

2. 园区骨干设计

根据对用户的需求分析，集团分公司园区骨干区域设计如下：

（1）在下行与接入层交换相连的时候，使用链路聚合技术，不但实现链路带宽的增大，防止拥塞，而且还可以实现负载均衡。

（2）在路由功能方面，在核心交换机上使用 OSPF 动态路由协议，并将骨干区域作为 OSPF 的非骨干区域，通过区域间路由学习实现与总公司主干区域的互通。

（3）骨干区域安全方面，为了路由协议的安全性，需要基于接口采用 MD5 的认证方式，保障路由更新的安全。采用风暴控制技术、ARP 检测技术和系统防护措施保障骨干区域数据流与设备的安全。

2.7.2 企业园区接入设计

在集团公司分公司企业园区接入区域，上行到核心层交换机时，采用链路聚合技术，增加其网络带宽。

1. 设备选型

选择接入层交换机，需要具备以下条件：

（1）支持智能的流分类和完善的服务质量（QoS）以及组播管理特性，并可以实施灵活多样的 ACL 访问控制。可通过 SNMP、Telnet、Web 和 Console 口等多种方式提供丰富的管理。

（2）需要提供端到端的服务质量、灵活丰富的安全措施和基于策略的网管，最大化满足高速、安全、多业务的下一代企业网需求。

（3）交换机可以有效防范和控制病毒传播和黑客攻击，如预防 DOS 攻击、防黑客 IP 扫描机制、端口 ARP 报文的合法性检查、多种硬件 ACL 策略等。

（4）支持硬件实现端口或交换机整机与用户 IP 地址和 MAC 地址的灵活绑定，严格限定端口上的用户接入或交换机整机上的用户接入问题。

（5）支持专用的硬件防范 ARP 网关和 ARP 主机欺骗功能，有效遏制了网络中日益泛滥的 ARP 网关欺骗和 ARP 主机欺骗的现象，保障了用户的正常上网。

（6）支持控制非法用户使用网络，保证合法用户合理化使用网络，如多元素绑定、端口安全、时间 ACL、基于数据流的带宽限速等，满足企业网、校园网加强对访问者进行控制、限制非授权用户通信的需求。

（7）支持各种单播和组播动态路由协议，可适应不同的网络规模和需要进行大量多播服务的环境，实现网络的可扩展和多业务应用。

（8）支持 802.1P、IP TOS、二到七层流过滤、SP、WRR 等完整的 QoS 策略，实现基于全网系统多业务的 QoS 逻辑。

（9）支持生成树协议 802.1d、802.1w、802.1s，完全保证快速收敛，提高容错能力，保证网络的稳定运行和链路的负载均衡，合理使用网络通道，提供冗余链路利用率。

（10）支持 RLDP，可快速检测链路的通断和光纤链路的单向性，并支持端口下的环路检测功能，防止端口下因私接 Hub 等设备形成的环路而导致网络故障的现象。

2. 园区接入设计

根据对用户的需求分析，集团分公司园区接入区域设计如下：

（1）为了保障二层链路的冗余，在骨干区域中核心交换机上使用 MSTP 技术，并实现交换机和链路的负载均衡，使用 802.1s 技术实现接入层交换机接入终端时，快速转发数据。

（2）在上行与核心层交换机相连时，使用链路聚合技术，不但实现链路带宽的增大，防止拥塞，而且还可以实现负载均衡。

（3）在接入区域安全方面，为了保障生成树协议安全运行，需要使用 BPDU Filter、BPDU GUARD 等技术。采用风暴控制技术、ARP 检测技术和系统防护措施保障骨干区域数据流与设备的安全，使用端口安全技术保障接入终端安全，并使用访问控制技术实现数据流量的限制。

2.7.3　企业边缘设计

集团企业分公司网络由两条链路接入，一条是 2Mbps DDN 专线，与集团总公司相连，主要是承载公司的业务数据，这里包括 OA 服务、FTP 服务和 DB 服务等。另外一条链路接入到 Internet 网络，用于为内网提供访问互联网的服务。

在企业边缘区域需要为业务流量提供 7×24 小时服务，为实现这一功能，当专用线路出现故障的时候，需要通过 Internet 链路为企业提供服务。为了保证数据的安全性，需要使用 VPN 技术对数据进行加密。

1. 设备选型

在企业边缘区域,出口设备采用的是路由器,在选择设备时需要注意以下参数。

路由器需要支持的参数:

(1) 需要支持丰富的安全功能,包括 Firewall、IPSec VPN、Secure Shell(SSH)协议、入侵保护、DDoS 防御、攻击防御等。

(2) 需要支持认证、授权、记录用户信息的 AAA 认证技术,支持 Radius、TACACS+认证协议。

(3) 需要在 NAT 应用下,支持 L2TP/PPTP 的穿透功能。

(4) 需要支持多业务线速并发。

(5) 支持 QoS 带宽控制精度极高,误差小于 1%。

(6) 支持 PQ、CQ、FIFO、WFQ、CBWFQ、LLQ、RTPQ 等拥塞管理排队策略。

(7) 支持 WRED、RED 的拥塞避免策略。

(8) 支持 GTS 流量整形策略。

(9) 支持 CAR 流量监管策略。

(10) 支持 CTCP、CRTP 的链路效率的 QOS 策略。

(11) 支持设置语音数据包优先级,可以为中小型企业提供满足要求的、高性价比的多功能服务平台。

2. 企业边缘设计

根据对用户的需求分析,集团分公司边缘区域设计如下:

(1) 使用 NAT 技术保障内部用户可以正常访问互联网。

(2) 企业边缘接入互联网使用两条链路,一条为租用线路,专门为企业集团与分公司之间的业务流量提供服务,另一条链路为集团内部用户访问互联网使用,如果当租用链路由于某种原因宕机了,需要使用另外一条互联链路承载业务流量。由于互联网是极为不安全的,所以需要采用 IPSec VPN 技术,保障数据的安全性。

(3) 当承载业务流量的租用链路宕机的时候,为尽可能将损失降到最低,需要保障链路在最短的时间内进行链路的切换,需要采用 VRRP 技术保障缩短网络中断的时间。

(4) 在边缘区域使用 OSPF 动态路由协议和静态路由协议,分公司划分到非骨干区域。为保障路由协议的安全,在 OSPF 动态路由协议上使用 MD5 认证方式。

(5) 在与总公司使用租用链路相连时,使用 CHAP 认证保障链路的安全和总公司设备的身份安全。

(6) 在网络出口路由器使用访问控制技术,防止冲击波和震荡波等病毒入侵。

2.7.4 总体规划拓扑设计

上海分公司总体规划拓扑图如图 2.11 所示。

拓扑图中的网络设备功能及 IP 规划如表 2.7~表 2.9 所示。

(1) 网络设备实现功能

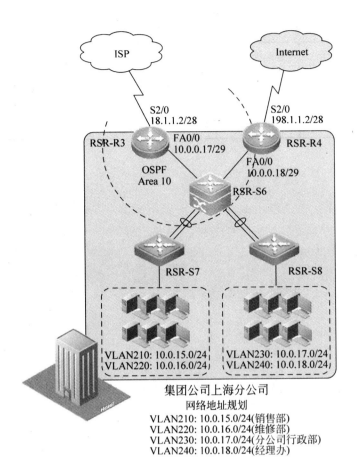

图 2.11　上海分公司拓扑图

集团公司上海分公司
网络地址规划
VLAN210: 10.0.15.0/24(销售部)
VLAN220: 10.0.16.0/24(维修部)
VLAN230: 10.0.17.0/24(分公司行政部)
VLAN240: 10.0.18.0/24(经理办)

表 2.7　网络设备功能表

序号	设备名称	设备位置	配 置 内 容	实 现 功 能
1	RSR-R4	接入 Internet	NAT、静态路由、访问控制、VPN	访问互联网、安全接入、业务数据备用链路
2	RSR-R3	接入 ISP	动态路由、PPP、PAP、CHAP	接入 ISP、承载业务数据
3	RSR-S6	核心层	VLAN、链路聚合、动态路由、DHCP	冗余、备份、快速转发、路由功能
4	RSR-S7	接入层	VLAN 策略、端口安全、风暴控制、	接入层安全、数据转发
5	RSR-S8	接入层	VLAN 策略、端口安全、风暴控制	接入层安全、数据转发

（2）IP 规划

表 2.8　VLAN 划分表

区 域 名 称	VLAN 划分	子 网 网 段	备 　 注
分公司销售部	210	10.0.15.0/24	
分公司维修部	220	10.0.16.0/24	
分公司行政部	230	10.0.17.0/24	
分公司经理办	240	10.0.18.0/24	

表 2.9　IP 规划表

设 备 名 称	接 口 类 型	IP 地 址	备　　注
RSR-R3	S2/0	18.1.1.2/28	
RSR-R3	FA0/0	10.0.0.17/29	
RSR-R4	FA0/0	10.0.0.18/29	
RSR-R4	S2/0	198.1.1.2/28	

第3章 项目实施

项目实施主要包括组网配置与应用系统集成,涵盖集团公司与集团分公司。部署接入层,提供本地与远程工作组和用户网络接入;部署汇聚层,提供基于策略的连接;部署核心层,提供高速传输满足连接性,同时传输汇聚层设备需要,使用广域网技术实现异地互联通信,IPSec VPN 技术保障双链路冗余备份时数据的安全性。为了满足企业实际需求,各种应用系统集成技术应运而生,例如,为了保障网络用户的安全且能够统一管理网络中的用户,架设域服务器,为内网用户提供身份验证服务。架设 DHCP 服务器,为内网主机提供动态的 IP 地址。架设 Web 服务器用来提供集团公司的门户服务,并采用 Windows Cluster 服务,提供高可用性。架设 Radius 服务器,结合 802.1x 技术保障终端接入的合法性等。所有服务器的数据存储在 IP SAN 的磁盘阵列柜中,提高数据的安全性。服务器群部署在防火墙的 DMZ 区域,确保服务器既可以提供网络服务,又保证其服务器安全。

3.1　角色任务分配

项目实施阶段为项目的第二阶段,计划完成时间为 2 天,需要参加的人员有项目经理、网络工程师、网络安全工程师、服务器工程师、数据库工程师等岗位人员,根据网络设计方案来构建安全、可靠、高可用的企业运营网络。

由项目经理对人员进行任务分工,实训的进度由项目经理掌握。具体任务分配如表 3.1 所示。

表 3.1　人员分工表

序号	岗　位	工 作 内 容	工期	人数
1	项目经理	负责整个项目的实施质量与实施进度,部署人员分工,掌握施工进度。并组织撰写项目总结和项目报告	2 天	1
2	网络工程师	根据网络设计方案,对项目中的基础设备(路由器、交换机)等进行配置	1 天	2
3	网络安全工程师	根据网络设计方案,对项目中的安全设备(防火墙、IDS、VPN)等进行配置	1 天	1
4	服务器工程师	根据网络设计方案,对项目中所有应用服务器进行配置	2 天	2
6	数据库工程师	根据网络设计方案,对项目中涉及的数据库平台进行配置	1 天	1

3.2 集团公司项目实施

3.2.1 基本网络框架搭建

步骤 1：RSR-R1 基本部署

```
RSR - R1(config) # interface serial2/0
RSR - R1(config - if) # ip address 198.1.1.1 255.255.255.240
RSR - R1(config) # interface fastethernet 0/1
RSR - R1(config - if) # ip address 10.0.0.5 255.255.255.252
RSR - R1(config) # interface fastethernet 0/0
RSR - R1(config - if) # ip address 10.0.0.14 255.255.255.252
```

步骤 2：RSR-R2 基本部署

```
RSR - R2(config) # interface serial2/0
RSR - R2(config - if) # ip address 18.1.1.1 255.255.255.240
RSR - R2(config) # interface fastethernet 0/0
RSR - R2(config - if) # ip address 10.0.0.1 255.255.255.252
```

步骤 3：RSR-S1 基本部署

```
RSR - S1(config) # vlan 110
RSR - S1 (config - vlan) # vlan 120
RSR - S1 (config - vlan) # vlan 130
RSR - S1 (config - vlan) # vlan 140
RSR - S1 (config - vlan) # vlan 150
RSR - S1 (config - vlan) # vlan 160
RSR - S1 (config - vlan) # vlan 170
RSR - S1 (config - vlan) # exit
RSR - S1(config) # interface vlan 110
RSR - S1 (config - if - vlan 110) # ip add 10.0.1.1 255.255.255.0
RSR - S1(config) # interface vlan 120
RSR - S1 (config - if - vlan 120) # ip add 10.0.2.1 255.255.255.0
RSR - S1(config) # interface vlan 130
RSR - S1 (config - if - vlan 130) # ip add 10.0.3.1 255.255.255.0
RSR - S1(config) # interface vlan 140
RSR - S1 (config - if - vlan 140) # ip add 10.0.4.1 255.255.255.0
RSR - S1(config) # interface vlan 150
RSR - S1 (config - if - vlan 150) # ip add 10.0.5.1 255.255.255.0
RSR - S1(config) # interface vlan 160
RSR - S1 (config - if - vlan 160) # ip add 10.0.6.1 255.255.255.0
RSR - S1(config) # interface vlan 1
RSR - S1 (config - if - vlan 1) # ip add 10.0.10.11 255.255.255.0

RSR - S1(config) # interface fastethernet 0/1
RSR - S1(config - if - fastethernet 0/1) # no switchport
RSR - S1(config - if) # ip address 10.0.0.10 255.255.255.252
```

步骤 4：RSR-S2 基本部署

```
RSR - S2(config)#vlan 110
RSR - S2(config-vlan)# vlan 120
RSR - S2(config-vlan)# vlan 130
RSR - S2(config-vlan)# vlan 140
RSR - S2(config-vlan)# vlan 150
RSR - S2(config-vlan)# vlan 160
RSR - S2(config-vlan)# vlan 170
RSR - S2(config-vlan)#exit
RSR - S2(config)#interface vlan 110
RSR - S2(config-if-vlan 110)#ip add 10.0.1.2 255.255.255.0
RSR - S2(config)#interface vlan 120
RSR - S2(config-if-vlan 120)#ip add 10.0.2.2 255.255.255.0
RSR - S2(config)#interface vlan 130
RSR - S2(config-if-vlan 130)#ip add 10.0.3.2 255.255.255.0
RSR - S2(config)#interface vlan 140
RSR - S2(config-if-vlan 140)#ip add 10.0.4.2 255.255.255.0
RSR - S2(config)#interface vlan 150
RSR - S2(config-if-vlan 150)#ip add 10.0.5.2 255.255.255.0
RSR - S2(config)#interface vlan 160
RSR - S2(config-if-vlan 160)#ip add 10.0.6.2 255.255.255.0
RSR - S2(config)#interface vlan 1
RSR - S2(config-if-vlan 1)#ip add 10.0.10.12 255.255.255.0

RSR - S2(config)#interface fastethernet 0/1
RSR - S2(config-if-fastethernet 0/1)#no switchport
RSR - S2(config-if)#ip address 10.0.0.2 255.255.255.252
```

步骤 5：RSR-S3 基本部署

```
RSR - S3(config)#vlan 110
RSR - S3(config-vlan)# vlan 120
RSR - S3(config-vlan)# vlan 130
RSR - S3(config-vlan)#exit
RSR - S3(config)#interface vlan 1
RSR - S3(config-if-vlan 1)#ip add 10.0.10.13 255.255.255.0
```

步骤 6：RSR-S4 基本部署

```
RSR - S4(config)#vlan 140
RSR - S4(config-vlan)# vlan 150
RSR - S4(config-vlan)# vlan 160
RSR - S4(config-vlan)#exit
RSR - S4(config)#interface vlan 1
RSR - S4(config-if-vlan 1)#ip add 10.0.10.14 255.255.255.0
```

步骤 7：RSR-S5 基本部署

```
RSR - S5(config)#vlan 180
RSR - S5(config-vlan)#exit
RSR - S5(config)#interface vlan 180
RSR - S5(config-if-vlan 180)#ip add 10.0.8.1 255.255.255.0
RSR - S5(config)#interface range fastethernet 0/12 - 24
```

RSR－S5(config－if－range)♯switchport access vlan 180

步骤 8：RG-F1 基本部署（见图 3.1）

网络配置>>接口IP

网络接口	接口IP	掩码	允许所有主机PING	用于管理	允许管理主机PING	允许管理主机Tracsroute	操作
dmz	10.0.8.2	255.255.255.0	✓	✗	✗	✗	✐ 🗑
lan	10.0.0.9	255.255.255.252	✓	✗	✗	✗	✐ 🗑
wan	192.168.10.100	255.255.255.0	✗	✓	✓	✓	✐ 🗑
wan1	10.0.0.6	255.255.255.252	✓	✗	✗	✗	✐ 🗑

图 3.1　RG-F1 基本部署

步骤 9：RG-V1 基本部署（见图 3.2）

网络接口状态

接口名	配置状态	启用状态	连接状态	连接速率	IP地址	掩码
eth0	静态设置	✓ 启用	已连接	100 Mbps	10.0.0.13	255.255.255.252
eth1	静态设置	✓ 启用	已连接	100 Mbps	198.1.1.3	255.255.255.240

图 3.2　RG-V1 基本部署

3.2.2　企业园区骨干部署

步骤 1：RSR-S1 部署

RSR－S1(config)♯service dhcp
RSR－S1(config)♯ip helper－address 10.0.8.8
RSR－S1(config)♯interface vlan 110
RSR－S1(config－if－vlan 110)♯vrrp 110 ip 10.0.1.254
RSR－S1(config－if－vlan 110)♯vrrp 110 priority 120
RSR－S1(config)♯interface vlan 120
RSR－S1(config－if－vlan 120)♯vrrp 120 ip 10.0.2.254
RSR－S1(config－if－vlan 120)♯vrrp 120 priority 120
RSR－S1(config)♯interface vlan 130
RSR－S1(config－if－vlan 130)♯vrrp 130 ip 10.0.3.254
RSR－S1(config－if－vlan 130)♯vrrp 130 priority 120
RSR－S1(config)♯interface vlan 140
RSR－S1(config－if－vlan 140)♯vrrp 140 ip 10.0.4.254
RSR－S1(config)♯interface vlan 150
RSR－S1(config－if－vlan 150)♯vrrp 150 ip 10.0.5.254
RSR－S1(config)♯interface vlan 160
RSR－S1(config－if－vlan 160)♯vrrp 160 ip 10.0.6.254
RSR－S1(config)♯spanning－tree
RSR－S1(config)♯spanning－tree mst configuration
RSR－S1(config－mst)♯name ruijie
RSR－S1(config－mst)♯revision 1
RSR－S1(config－mst)♯instance 10 vlan110,120,130
RSR－S1(config－mst)♯instance 20 vlan140,150,160
RSR－S1(config)♯spanning－tree mst 10 priority 4096
RSR－S1(config)♯spanning－tree mst 20 priority 8192
RSR－S1(config)♯router ospf 10
RSR－S1(config－router)♯network 10.0.0.8 0.0.0.3 area 0

```
RSR − S1(config − router) # network 10.0.1.0 0.0.0.255 area 0
RSR − S1(config − router) # network 10.0.2.0 0.0.0.255 area 0
RSR − S1(config − router) # network 10.0.3.0 0.0.0.255 area 0
RSR − S1(config − router) # network 10.0.4.0 0.0.0.255 area 0
RSR − S1(config − router) # network 10.0.5.0 0.0.0.255 area 0
RSR − S1(config − router) # network 10.0.6.0 0.0.0.255 area 0
RSR − S1(config − router) # network 10.0.10.0 0.0.0.255 area 0


RSR − S1(config) # interface range fastethernet0/2 − 7
RSR − S1(config − if − range) # switchport mode trunk
RSR − S1(config − if − range) # exit
RSR − S1(config) # interface range fastethernet0/2 − 3
RSR − S1(config − if − range) # port − group 1
RSR − S1(config − if − range) # exit
RSR − S1(config) # interface range fastethernet0/4 − 5
RSR − S1(config − if − range) # port − group 2
RSR − S1(config − if − range) # exit
RSR − S1(config) # interface range fastethernet0/6 − 7
RSR − S1(config − if − range) # port − group 3
RSR − S1(config − if − range) # exit
RSR − S1(config) # interface aggregateport 1
RSR − S1(config − if − aggregateport 1) # switchport mode trunk
RSR − S1(config − if − aggregateport 1) # exit
RSR − S1(config) # interface aggregateport 2
RSR − S1(config − if − aggregateport 2) # switchport mode trunk
RSR − S1(config − if − aggregateport 2) # exit
RSR − S1(config) # interface aggregateport 3
RSR − S1(config − if − aggregateport 3) # switchport mode trunk
RSR − S1(config − if − aggregateport 3) # exit
RSR − S1(config) # snmp − server host 10.0.8.18 traps lansnmp
RSR − S1(config) # snmp − server enable traps
RSR − S1(config) # snmp − server community lansnmp ro
```

步骤 2：RSR-S2 部署

```
RSR − S2(config) # service dhcp
RSR − S2(config) # ip helper − address 10.0.8.8
RSR − S2(config) # interface vlan 110
RSR − S2(config − if − vlan 110) # vrrp 110 ip 10.0.1.254
RSR − S2(config) # interface vlan 120
RSR − S2(config − if − vlan 120) # vrrp 120 ip 10.0.2.254
RSR − S2(config) # interface vlan 130
RSR − S2(config − if − vlan 130) # vrrp 130 ip 10.0.3.254
RSR − S2(config) # interface vlan 140
RSR − S2(config − if − vlan 140) # vrrp 140 ip 10.0.4.254
RSR − S2(config − if − vlan 140) # vrrp 140 priority 120
RSR − S2(config) # interface vlan 150
RSR − S2(config − if − vlan 150) # vrrp 150 ip 10.0.5.254
RSR − S2(config − if − vlan 150) # vrrp 150 priority 120
RSR − S2(config) # interface vlan 160
RSR − S2(config − if − vlan 160) # vrrp 160 ip 10.0.6.254
```

```
RSR-S2(config-if-vlan 160)#vrrp 160 priority 120
RSR-S2(config)#spanning-tree
RSR-S2(config)#spanning-tree mst configuration
RSR-S2(config-mst)#name ruijie
RSR-S2(config-mst)#revision 1
RSR-S2(config-mst)#instance 10 vlan110,120,130
RSR-S2(config-mst)#instance 20 vlan140,150,160
RSR-S2(config)#spanning-tree mst 10 priority 8192
RSR-S2(config)#spanning-tree mst 20 priority 4096


RSR-S2(config)#router ospf 10
RSR-S2(config-router)#network 10.0.0.0 0.0.0.3 area 0
RSR-S2(config-router)#network 10.0.1.0 0.0.0.255 area 0
RSR-S2(config-router)#network 10.0.2.0 0.0.0.255 area 0
RSR-S2(config-router)#network 10.0.3.0 0.0.0.255 area 0
RSR-S2(config-router)#network 10.0.4.0 0.0.0.255 area 0
RSR-S2(config-router)#network 10.0.5.0 0.0.0.255 area 0
RSR-S2(config-router)#network 10.0.6.0 0.0.0.255 area 0
RSR-S2(config-router)#network 10.0.10.0 0.0.0.255 area 0


RSR-S2(config)#interface range fastethernet0/2-7
RSR-S2(config-if-range)#switchport mode trunk
RSR-S2(config-if-range)#exit
RSR-S2(config)#interface range fastethernet0/2-3
RSR-S2(config-if-range)#port-group 1
RSR-S2(config-if-range)#exit
RSR-S2(config)#interface range fastethernet0/4-5
RSR-S2(config-if-range)#port-group 2
RSR-S2(config-if-range)#exit
RSR-S2(config)#interface range fastethernet0/6-7
RSR-S2(config-if-range)#port-group 3
RSR-S2(config-if-range)#exit
RSR-S2(config)#interface aggregateport 1
RSR-S2(config-if-aggregateport 1)#switchport mode trunk
RSR-S2(config-if-aggregateport 1)#exit
RSR-S2(config)#interface aggregateport 2
RSR-S2(config-if-aggregateport 2)#switchport mode trunk
RSR-S2(config-if-aggregateport 2)#exit
RSR-S2(config)#interface aggregateport 3
RSR-S2(config-if-aggregateport 3)#switchport mode trunk
RSR-S2(config-if-aggregateport 3)#exit
RSR-S2(config)#snmp-server host 10.0.8.18 traps lansnmp
RSR-S2(config)#snmp-server enable traps
RSR-S2(config)#snmp-server community lansnmp ro
```

3.2.3 企业园区接入部署

步骤1：RSR-S3 部署

```
RSR-S3(config)#spanning-tree
RSR-S3(config)#spanning-tree mst configuration
```

```
RSR-S3(config-mst)#name ruijie
RSR-S3(config-mst)#revision 1
RSR-S3(config-mst)#instance 10 vlan110,120,130
RSR-S3(config-mst)#instance 20 vlan140,150,160
RSR-S3(config)#interface range fastethernet0/1-4
RSR-S3(config-if-range)#switchport mode trunk
RSR-S3(config-if-range)#exit
RSR-S3(config)#interface range fastethernet0/1-2
RSR-S3(config-if-range)#port-group 2
RSR-S3(config-if-range)#exit
RSR-S3(config)#interface range fastethernet0/3-4
RSR-S3(config-if-range)#port-group 3
RSR-S3(config-if-range)#exit
RSR-S3(config)#interface aggregateport 2
RSR-S3(config-if-aggregateport 2)#switchport mode trunk
RSR-S3(config-if-aggregateport 2)#exit
RSR-S3(config)#interface aggregateport 3
RSR-S3(config-if-aggregateport 3)#switchport mode trunk
RSR-S3(config-if-aggregateport 3)#exit

RSR-S3(config)#aaa new-model
RSR-S3(config)#aaa authentication dot1x accesslist group radius
RSR-S3(config)#radius-server host 10.0.8.18
RSR-S3(config)#radius-server key 123456
RSR-S3(config)#dot1x authentication accesslist
RSR-S3(config)#interface range fastethernet 0/5-24
RSR-S3(config-if-range)#dot1x port-control auto
RSR-S3(config-if-range)#spanning-tree portfast
RSR-S3(config)#ip default-gateway 10.0.10.11

RSR-S3(config)#snmp-server host 10.0.8.18 traps lansnmp
RSR-S3(config)#snmp-server enable traps
RSR-S3(config)#snmp-server community lansnmp ro
```

步骤 2：RSR-S4 部署

```
RSR-S4(config)#spanning-tree
RSR-S4(config)#spanning-tree mst configuration
RSR-S4(config-mst)#name ruijie
RSR-S4(config-mst)#revision 1
RSR-S4(config-mst)#instance 10 vlan110,120,130
RSR-S4(config-mst)#instance 20 vlan140,150,160
RSR-S4(config)#interface range fastethernet0/1-4
RSR-S4(config-if-range)#switchport mode trunk
RSR-S4(config-if-range)#exit
RSR-S4(config)#interface range fastethernet0/1-2
RSR-S4(config-if-range)#port-group 2
RSR-S4(config-if-range)#exit
RSR-S4(config)#interface range fastethernet0/3-4
RSR-S4(config-if-range)#port-group 3
```

```
RSR - S4(config - if - range)♯exit
RSR - S4(config)♯interface aggregateport 2
RSR - S4(config - if - aggregateport 2)♯switchport mode trunk
RSR - S4(config - if - aggregateport 2)♯exit
RSR - S4(config)♯interface aggregateport 3
RSR - S4(config - if - aggregateport 3)♯switchport mode trunk
RSR - S4(config - if - aggregateport 3)♯exit

RSR - S4(config)♯aaa new - model
RSR - S4(config)♯aaa authentication dot1x accesslist group radius
RSR - S4(config)♯radius - server host 10.0.8.18
RSR - S4(config)♯radius - server key 123456
RSR - S4(config)♯dot1x authentication accesslist
RSR - S4(config)♯interface range fastethernet 0/5 - 24
RSR - S4(config - if - range)♯dot1x port - control auto
RSR - S4(config - if - range)♯spanning - tree portfast
RSR - S4(config)♯ip default - gateway 10.0.10.12

RSR - S4(config)♯snmp - server host 10.0.8.18 traps lansnmp
RSR - S4(config)♯snmp - server enable traps
RSR - S4(config)♯snmp - server community lansnmp ro
```

3.2.4　服务器群及客户端接入部署

步骤 1：服务器群部署

```
RSR - S5(config)♯monitor session 1 destination interface FastEthernet 0/3
RSR - S5(config)♯monitor session 1 source interface FastEthernet 0/12 - 24 both
RSR - S5(config)♯interface vlan 1
RSR - S5(config - if - vlan 1)♯ip add 10.0.11.15 255.255.255.0
RSR - S5(config)♯router ospf 10
RSR - S5(config - router)♯network 10.0.11.0 0.0.0.255 area 0
RSR - S5(config - router)♯network 10.0.8.0 0.0.0.255 area 0
RSR - S5(config)♯snmp - server host 10.0.8.18 traps lansnmp
RSR - S5(config)♯snmp - server enable traps
RSR - S5(config)♯snmp - server community lansnmp ro
```

步骤 2：客户端部署

在终端计算机上安装锐捷 802.1x 客户端，安装完成后，启动认证客户端，输入用户名和密码，单击"连接"按钮进行认证，如图 3.3 所示。

认证成功后，在 Windows 右下角的状态栏中显示认证成功，如图 3.4 所示。

图 3.3　802.1x 客户端

图 3.4　认证成功

3.2.5　企业边缘及 WAN 部署

步骤 1：RSR-R1 部署

RSR－R1(config)♯router ospf 10
RSR－R1(config－router)♯network 10.0.0.4 0.0.0.3 area 0
RSR－R1(config－router)♯network 10.0.0.12 0.0.0.3 area 0
RSR－R1(config－router)♯ default－information originate metric 200
RSR－R1(config)♯ip route 0.0.0.0 0.0.0.0 198.1.1.2
RSR－R1(config)♯crypto isakmp policy 110
RSR－R1(isakmp－policy)♯authentication pre－share
RSR－R1(isakmp－policy)♯hash md5
RSR－R1(isakmp－policy)♯group 1
RSR－R1(isakmp－policy)♯exit
RSR－R1 (config)♯crypto isakmp key 0 ningbodaxue address 198.1.1.2
RSR－R1(config)♯crypto ipsec transform－set vpn ah－md5－hmac esp－3des esp－md5－hmac
RSR－R1(cfg－crypto－trans)♯ mode tunnel
RSR－R1(config)♯crypto map vpnmap 10 ipsec－isakmp
RSR－R1(config－crypto－map)♯set peer 198.1.1.2
RSR－R1(config－crypto－map)♯set transform－set vpn
RSR－R1(config－crypto－map)♯match address 110
RSR－R1(config)♯interface Serial 2/0
RSR－R1(config－if－Serial 2/0)♯crypto map vpnmap

RSR－R1(config)♯access－list 110 permit ip 10.0.8.0 0.0.0.255 10.0.15.0 0.0.0.255
RSR－R1(config)♯access－list 110 permit ip 10.0.8.0 0.0.0.255 10.0.16.0 0.0.0.255
RSR－R1(config)♯access－list 110 permit ip 10.0.8.0 0.0.0.255 10.0.17.0 0.0.0.255
RSR－R1(config)♯access－list 110 permit ip 10.0.8.0 0.0.0.255 10.0.18.0 0.0.0.255
RSR－R1(config)♯access－list 120 deny ip 10.0.8.0 0.0.0.255 10.0.15.0 0.0.0.255
RSR－R1(config)♯access－list 120 deny ip 10.0.8.0 0.0.0.255 10.0.16.0 0.0.0.255
RSR－R1(config)♯access－list 120 deny ip 10.0.8.0 0.0.0.255 10.0.17.0 0.0.0.255
RSR－R1(config)♯access－list 120 deny ip 10.0.8.0 0.0.0.255 10.0.18.0 0.0.0.255
RSR－R1(config)♯access－list 120 permit ip 10.0.1.0 0.0.0.255 any
RSR－R1(config)♯access－list 120 permit ip 10.0.2.0 0.0.0.255 any
RSR－R1(config)♯access－list 120 permit ip 10.0.3.0 0.0.0.255 any
RSR－R1(config)♯access－list 120 permit ip 10.0.4.0 0.0.0.255 any
RSR－R1(config)♯acçess－list 120 permit ip 10.0.5.0 0.0.0.255 any
RSR－R1(config)♯access－list 120 permit ip 10.0.6.0 0.0.0.255 any
RSR－R1(config)♯access－list 120 permit ip 10.0.7.0 0.0.0.255 any
RSR－R1(config)♯access－list 120 permit ip 10.0.8.0 0.0.0.255 any

RSR－R1(config)♯interface fastethernet 0/1
RSR－R1(config－if－FastEthernet 0/1)♯ip nat inside
RSR－R1(config－if－FastEthernet 0/1)♯interface serial2/0
RSR－R1(config－if－serial 2/0)♯ip nat outside
RSR－R1(config)♯ip nat inside source list 120 interface serial 2/0 overload
RSR－R1(config)♯ip nat inside source static tcp 10.0.8.30 80 198.1.1.5 80 permit－inside
RSR－R1(config)♯ip nat inside source static tcp 10.0.8.13 20 198.1.1.6 20 permit－inside
RSR－R1(config)♯ip nat inside source static tcp 10.0.8.13 21 198.1.1.6 21 permit－inside
RSR－R1(config)♯ip nat inside source static tcp 10.0.8.10 25 198.1.1.7 25 permit－inside

```
RSR - R1(config) # ip nat inside source static tcp 10.0.8.10 110 198.1.1.7 110 permit - inside

RSR - R1(config) # access - list 130 deny tcp any any eq echo
RSR - R1(config) # access - list 130 deny tcp any any eq chargen
RSR - R1(config) # access - list 130 deny tcp any any eq 135
RSR - R1(config) # access - list 130 deny tcp any any eq 136
RSR - R1(config) # access - list 130 deny tcp any any eq 137
RSR - R1(config) # access - list 130 deny tcp any any eq 138
RSR - R1(config) # access - list 130 deny tcp any any eq 139
RSR - R1(config) # access - list 130 deny tcp any any eq 389
RSR - R1(config) # access - list 130 deny tcp any any eq 445
RSR - R1(config) # access - list 130 deny tcp any any eq 4444
RSR - R1(config) # access - list 130 deny udp any any eq 69
RSR - R1(config) # access - list 130 deny udp any any eq 135
RSR - R1(config) # access - list 130 deny udp any any eq 136
RSR - R1(config) # access - list 130 deny udp any any eq 137
RSR - R1(config) # access - list 130 deny udp any any eq 138
RSR - R1(config) # access - list 130 deny udp any any eq 139
RSR - R1(config) # access - list 130 deny udp any any eq snmp
RSR - R1(config) # access - list 130 deny udp any any eq 389
RSR - R1(config) # access - list 130 deny udp any any eq 445
RSR - R1(config) # access - list 130 deny udp any any eq 1434
RSR - R1(config) # access - list 130 deny udp any any eq 1433
RSR - R1(config) # access - list 130 permit ip any any
RSR - R1(config) # snmp - server host 10.0.8.18 traps lansnmp
RSR - R1(config) # snmp - server enable traps
RSR - R1(config) # snmp - server community lansnmp ro
RSR - R1(config) # interface fastethernet 0/1
RSR - R1(config - if) # ip access - group 130 in
```

步骤 2：RSR-R2 部署

```
RSR - R2(config) # router ospf 10
RSR - R2(config - router) # network 10.0.0.0 0.0.0.3 area 0
RSR - R2(config - router) # network 18.1.1.0 0.0.0.15 area 10
RSR - R2(config) # snmp - server host 10.0.8.18 traps lansnmp
RSR - R2(config) # snmp - server enable traps
RSR - R2(config) # snmp - server community lansnmp ro
```

步骤 3：RG-F1 部署

启动 OSPF 协议，并指定路由 ID，如图 3.5 所示。

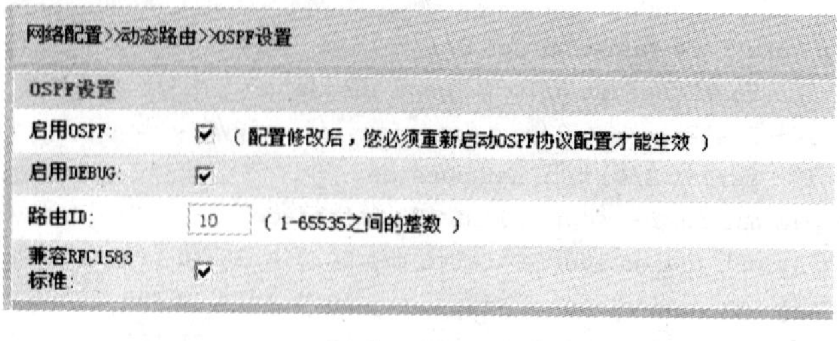

图 3.5　OSPF 设置

指定接口 cost 值,如图 3.6 所示。

名称	支持认证	认证方式	开销	操作
fe1	✖		10	📝
ge1	✖		10	📝
ge2	✖		10	📝
ge3	✖		10	📝
ge4	✖		10	📝

域ID设置				
域ID	支持认证	认证方式	备注	操作
0	✖			📝 🗑

图 3.6 指定 cost 值

公布路由信息,如图 3.7 所示。

网段设置			
名称	IP/Netmask	备注	操作
To-router	10.0.0.4/255.255.255.252		📝 🗑
To-switch	10.0.0.8/255.255.255.252		📝 🗑
To-server	10.0.8.0/255.255.255.0		📝 🗑

图 3.7 网段设置

定义地址列表,如图 3.8 所示。

对象定义>>地址>>地址列表

序号	名称	地址	备注
1	DMZ	0.0.0.0 / 0.0.0.0	DMZ
2	Trust	0.0.0.0 / 0.0.0.0	Trust
3	Untrust	0.0.0.0 / 0.0.0.0	Untrust
4	VLAN110	10.0.1.0 / 255.255.255.0	
5	VLAN120	10.0.2.0 / 255.255.255.0	
6	VLAN130	10.0.3.0 / 255.255.255.0	
7	VLAN140	10.0.4.0 / 255.255.255.0	
8	VLAN150	10.0.5.0 / 255.255.255.0	
9	VLAN160	10.0.6.0 / 255.255.255.0	
10	VLAN170	10.0.7.0 / 255.255.255.0	
11	VLAN180	10.0.8.0 / 255.255.255.0	
12	VLAN210	10.0.15.0 / 255.255.255.0	
13	VLAN220	10.0.16.0 / 255.255.255.0	
14	VLAN230	10.0.17.0 / 255.255.255.0	
15	VLAN240	10.0.18.0 / 255.255.255.0	
16	dbserver	10.0.8.41 / 255.255.255.255	
17	dc-server	10.0.8.12 / 255.255.255.255	
18	dhcp-server	10.0.8.8 / 255.255.255.255	
19	ftp-server	10.0.8.13 / 255.255.255.255	
20	isLAB	10.0.8.17 / 255.255.255.255	
21	mail-server	10.0.8.10 / 255.255.255.255	
22	manager-server	10.0.8.18 / 255.255.255.255	
23	radius-server	10.0.8.18 / 255.255.255.255	
24	web-server	10.0.8.30 / 255.255.255.255	

图 3.8 地址列表

定义地址组，如图 3.9 所示。

序号	名称	成员	备注
1	LAN	VLAN110 VLAN120 VLAN130 VLAN140 VLAN150 VLAN160 VLAN170 VLAN180	
2	Shanghai-LAN	VLAN210 VLAN220 VLAN230 VLAN240	
3	denyall	isLAB dbserver	

图 3.9　地址组

自定义服务，如图 3.10 所示

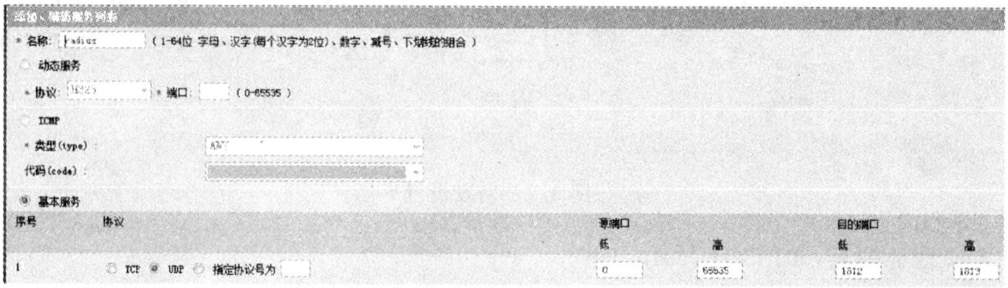

图 3.10　自定义服务

定义服务组，如图 3.11 所示。

对象定义>>服务>>服务组

序号	名称	成员	备注
1	L2L-VPN	http https icmp ping smtp ftp pop3 sqlnet	
2	httpserver	http https	
3	manager	MRTG snmp snmptrap telnet	
4	remote-services	ftp http https pop3 radius smtp dns	

图 3.11　服务组

制定安全规则，如图 3.12 所示。
配置抗攻击功能，如图 3.13 所示。
配置蠕虫过滤，如图 3.14 所示。

序号	规则名	源地址	目的地址	服务	类型	选项
1	p5	any	denyall	any	⊗	
2	p2	Shanghai-LAN	VLAN180	L2L-VPN	✓	
3	p1	LAN	any	any	✓	
4	p3	any	any	ospf	✓	
5	p5	any	10.0.8.41	httpserver	✓	📈
6	p6	manager-server	any	MRTG	✓	
7	p7	any	ftp-server	ftp	✓	📈
8	p8	any	dhcp-server	dhcp	✓	
9	p9	VLAN170	VLAN180	remote-services	✓	
10	p10	manager-server	10.0.8.1	firewall_global	✓	
11	p11	10.0.0.13	radius-server	radius	✓	

图 3.12　安全规则

安全策略>>抗攻击

接口名称	启用	STM Flood	ICMP Flood	Ping of Death	UDP Flood	PING SWEEP	TCP端口扫描	UDP端口扫描	WinNuke
fe1	✗	✓	✓	✓	✓	✓	✓	✓	✓
ge1	✓	✓	✓	✓	✓	✓	✓	✓	✓
ge2	✓	✓	✓	✓	✓	✓	✓	✓	✓
ge3	✓	✓	✓	✓	✓	✓	✓	✓	✓
ge4	✗	✗	✗	✗	✗	✗	✗	✗	✗

图 3.13　抗攻击

安全策略>>蠕虫过滤

类型	说明	动作
启用蠕虫过滤 ✓		
sobig	Sobig是一种大量邮件、网络察觉的蠕虫,它启用自己的SMTP引擎来传	禁止
ramen	Linux.Ramen是一个攻击运行着Linux Red Hat 6.2 or 7.0 操作系统	禁止
welchia	又名冲击波杀手,Welchia蠕虫利用Microsoft(微软)Windows DCOM	禁止
agobot	AGOBOT/Phatbot 蠕虫连接到IRC服务器并作为机器人程序,允许远程	禁止
opaserv	是一种具有网络意识的蠕虫。它会通过开放的网络共享传播。它将自	禁止
blaster	Blaster worm通过微软Windows DCOM RPC接口缓冲区溢出漏洞进行传	禁止
sadmind	该蠕虫利用Solaris系统的Sadmind漏洞植入Worm后,开始针对IIS的	禁止
slapper	Linux.slapper蠕虫通过80端口探测Apache服务器,通过443端口的线	禁止
novarg	W32.Novarg.A是一种邮件蠕虫,它以附件的形式到来,有多种扩展名	禁止
slammer	SQL服务器决策服务的一个安全漏洞可以让一个远程的用户在脆弱的	禁止
zafi	这是一种邮件蠕虫,它通过自己的 SMTP 引擎构建消息,伪装源地	禁止
bofra	Bofra蠕虫可以利用某种版本 SHDOCVW.DLL 存在的漏洞,SHDOCVW.DL	禁止
dipnet	蠕虫DipNet/Oddbob感染Windows主机。蠕虫利用Windows LASS (MS0	禁止

图 3.14　蠕虫过滤

配置保护主机,如图 3.15 所示。

安全策略>>连接限制>>保护主机

序号	名称	源地址	受保护主机	限制新建	限制并发
1	ftpserver	0.0.0.0/0.0.0.0	10.0.8.13	✓	✓
2	webserver	0.0.0.0/0.0.0.0	10.0.8.30	✓	✓

图 3.15　保护主机

配置保护服务，如图 3.16 所示。

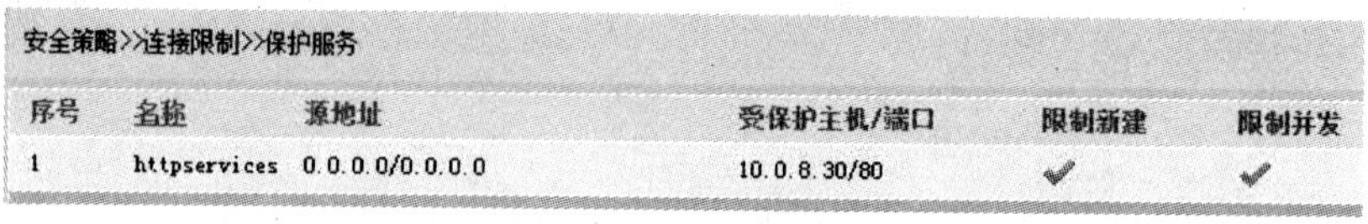

安全策略>>连接限制>>保护服务					
序号	名称	源地址	受保护主机/端口	限制新建	限制并发
1	httpservices	0.0.0.0/0.0.0.0	10.0.8.30/80	✓	✓

图 3.16 保护服务

集中管理和配置 SNMP 协议，如图 3.17 和图 3.18 所示。

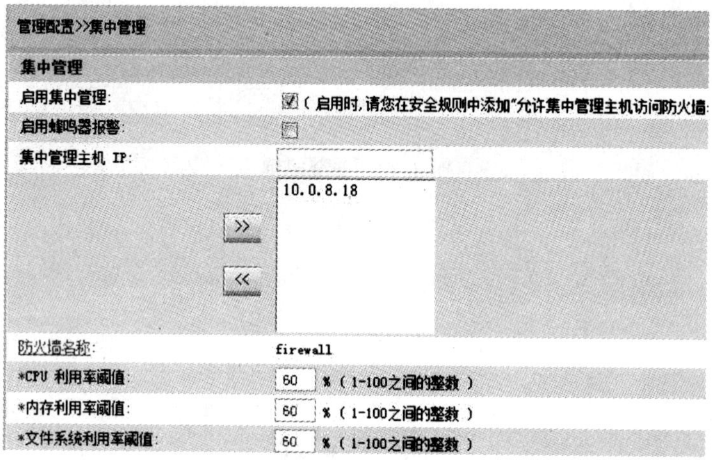

管理配置>>集中管理	
集中管理	
启用集中管理：	☑（启用时，请您在安全规则中添加"允许集中管理主机访问防火墙
启用蜂鸣器报警：	☐
集中管理主机 IP：	
	10.0.8.18
	>>
	<<
防火墙名称：	firewall
*CPU 利用率阈值：	60 %（1-100之间的整数）
*内存利用率阈值：	60 %（1-100之间的整数）
*文件系统利用率阈值：	60 %（1-100之间的整数）

图 3.17 集中管理

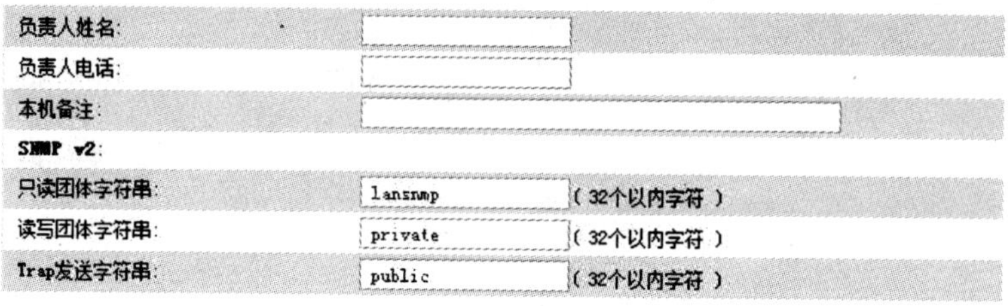

负责人姓名：		
负责人电话：		
本机备注：		
SNMP v2		
只读团体字符串：	lansnmp	（32个以内字符）
读写团体字符串：	private	（32个以内字符）
Trap发送字符串：	public	（32个以内字符）

图 3.18 SNMP v2

步骤 4：RG-V1 部署

配置静态路由，如图 3.19 所示。

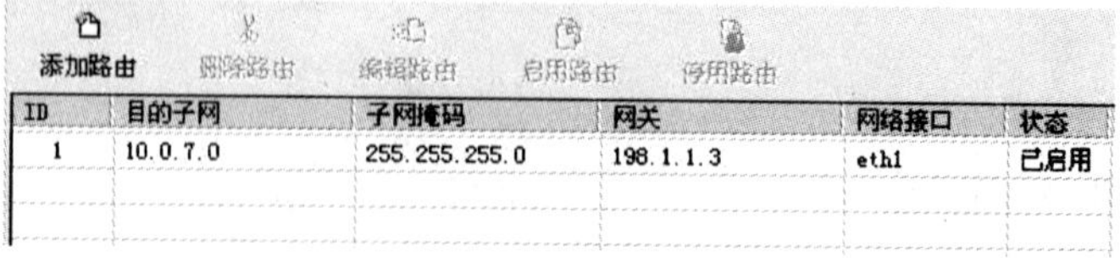

添加路由	删除路由	编辑路由	启用路由	停用路由	
ID	目的子网	子网掩码	网关	网络接口	状态
1	10.0.7.0	255.255.255.0	198.1.1.3	eth1	已启用

图 3.19 静态路由

配置 OSPF 路由协议，如图 3.20 所示。

配置 RADIUS 认证，如图 3.21 所示。

配置 RADIUS 认证，如图 3.22 所示。

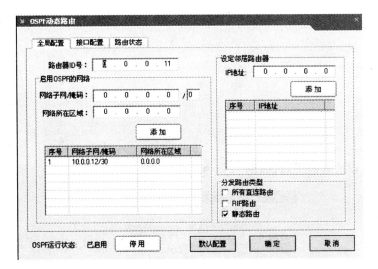

图 3.20　OSPF 动态路由

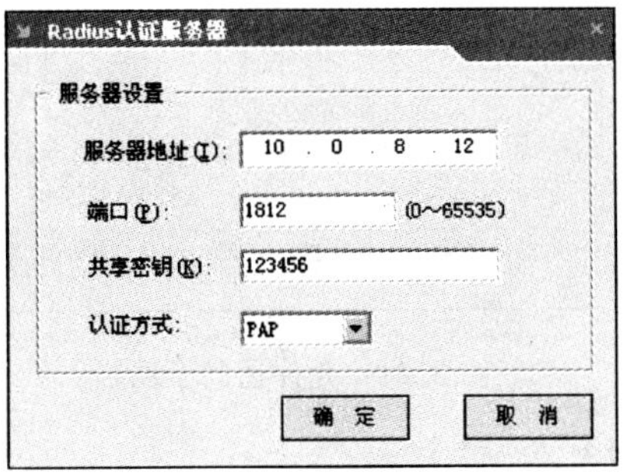

图 3.21　RADIUS 认证服务器

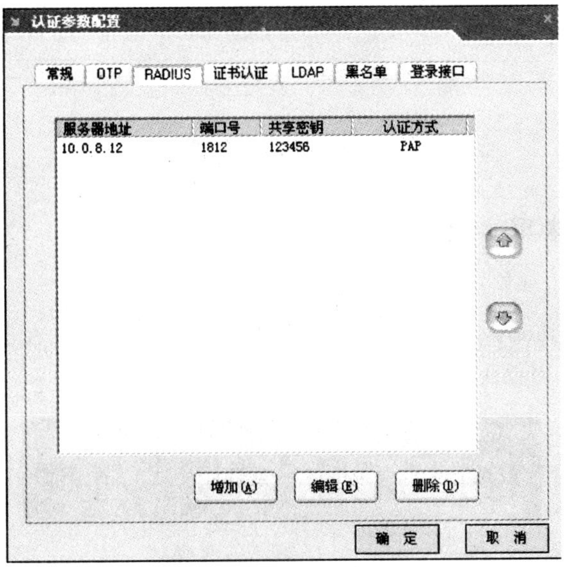

图 3.22　认证参数配置

配置虚拟地址池,如图 3.23 所示。

图 3.23　虚拟 IP 地址池

配置允许远程访问的子网,如图 3.24 所示。

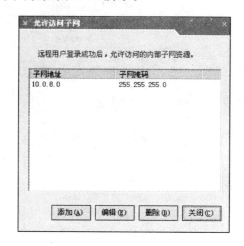

图 3.24　允许访问子网

配置用户接入策略,如图 3.25 所示。

图 3.25　用户接入策略

3.2.6　数据存储中心系统部署

1. 磁盘阵列部署

本项目中采用 Windows Storage Server 2003 R2 版本,需要在服务器上安装此版本。安装完成操作系统后,需要配置本地连接,如图 3.26 所示。

图 3.26　本地连接配置

配置完成网络连接后,新建 Hard Disk,如图 3.27 所示。

创建硬盘后,需要对硬盘阵列进行 RAID5 操作,右击 My Computer→Manage,如图 3.28 所示。

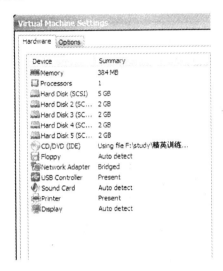

图 3.27　新建 Hard Disk　　　　图 3.28　My Computer→Manage

选择 Computer Management(Local)→Disk Management,如图 3.29 所示。

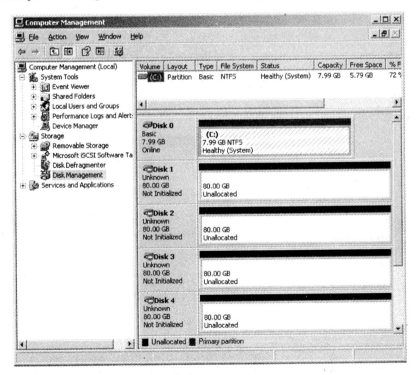

图 3.29　Disk Management

右击 Disk1→Initialize Disk,进行初始化磁盘,如图 3.30 所示。
选择需要进行初始化的磁盘,如图 3.31 所示。

第
3
章

项目实施

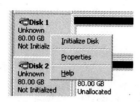

图 3.30　初始化磁盘

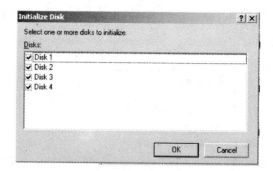

图 3.31　选择磁盘

初始化完成后,右击 Disk1→Convert to Dynamic Disk,如图 3.32 所示。

选择需要转换的硬盘,如图 3.33 所示。

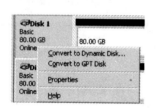

图 3.32　Convert to Dynamic Disk

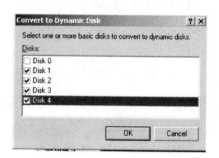

图 3.33　选择硬盘

转换完成后,右击 Disk1→New Volume,如图 3.34 所示。

在 New Volume Wizard 中,选择 RAID 5,单击 Next 按钮,如图 3.35 所示。

图 3.34　New Volume

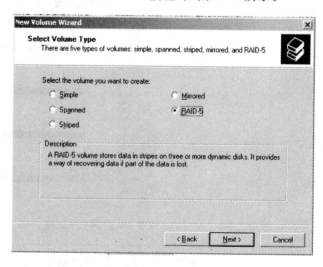

图 3.35　RAID 5

选择需要的磁盘,单击 Next 按钮,如图 3.36 所示。

选择磁盘盘符,单击 Next 按钮,如图 3.37 所示。

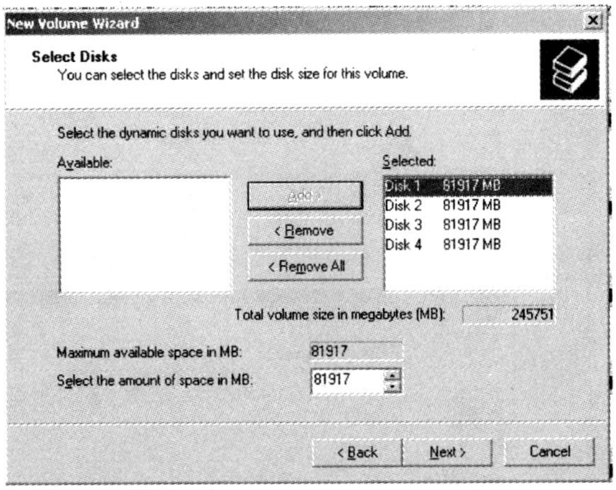

图 3.36 选择磁盘

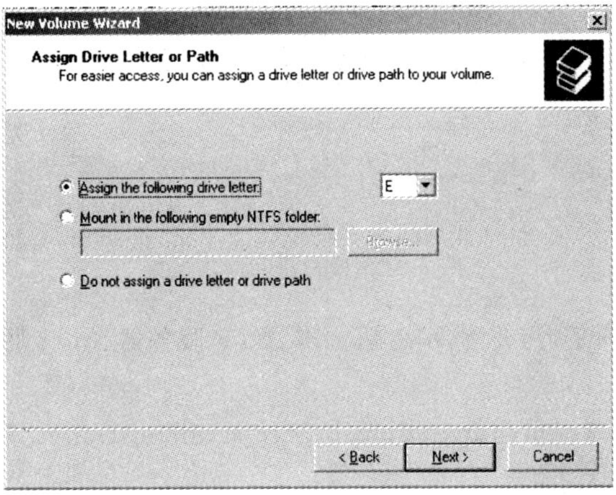

图 3.37 磁盘盘符

选择文件系统格式,单击 Next 按钮,如图 3.38 所示。

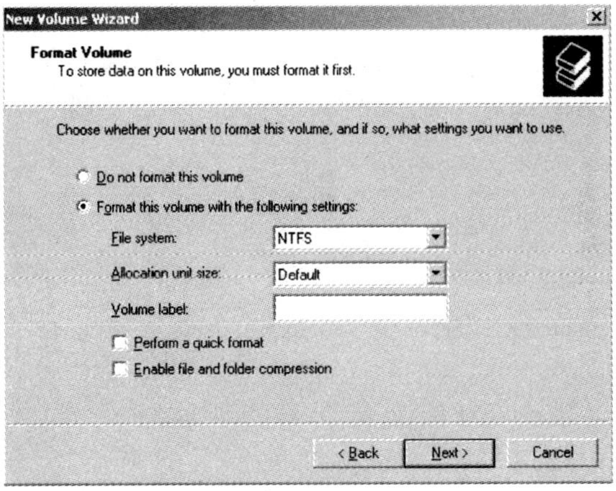

图 3.38 文件系统格式

项目实施

单击 Next 按钮，磁盘进行格式化和同步操作，如图 3.39 所示。

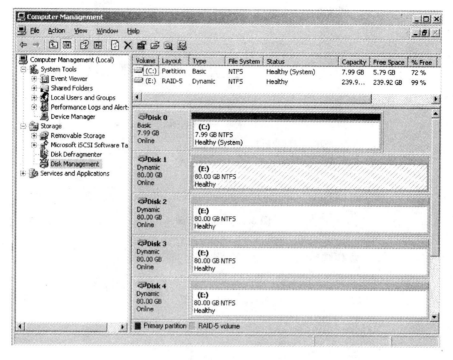

图 3.39　格式化和同步操作

配置完成磁盘阵列后，需要为 Web 服务器、FTP 服务器、Mail 服务、数据库服务器提供磁盘空间。

首先为 Web 服务器提供磁盘空间，单击 Star→Administrative Tools→Microsoft iSCSI Software Target，如图 3.40 所示。

右击 iSCSI Targets→Create iSCSI Target，如图 3.41 所示。

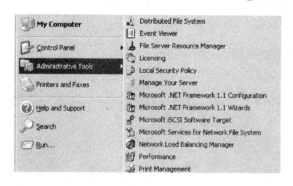

图 3.40　打开 Microsoft iSCSI Software Target

图 3.41　Create iSCSI Target

输入 Target name，单击 Next 按钮，如图 3.42 所示。

在 Advanced Identifiers 中单击 Add 按钮，如图 3.43 所示。

在 Add/Edit Identifier 中选择 IP Address，输入服务器 IP 地址，这里是两个 Web 服务器地址，单击 OK 按钮，如图 3.44 所示。

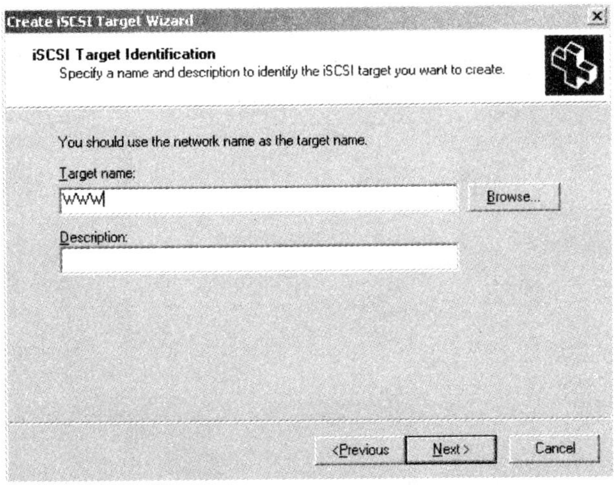

图 3.42 Target name

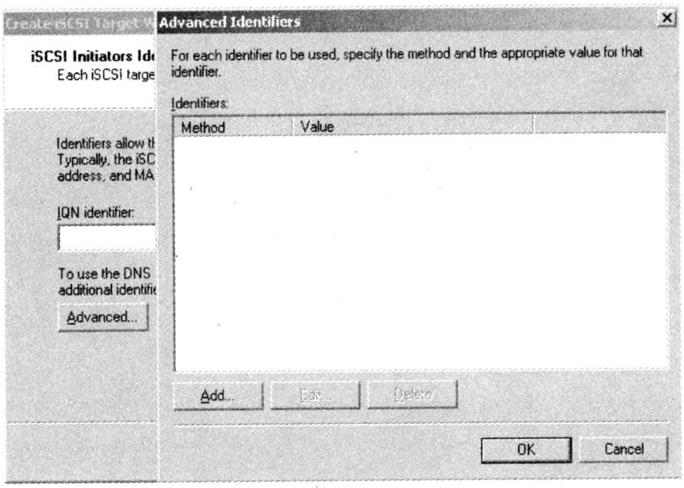

图 3.43 Advanced Identifiers-Add

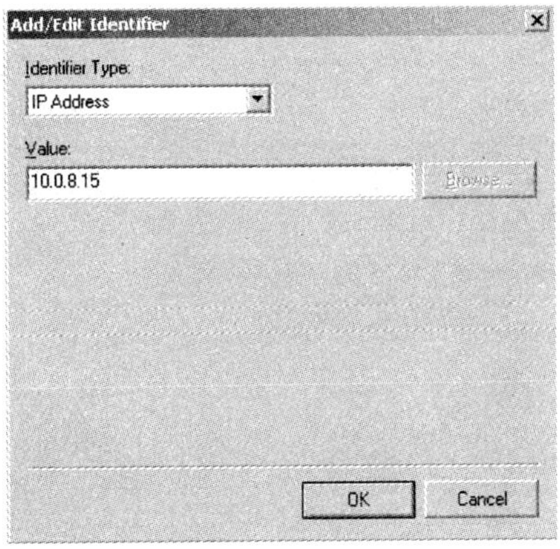

图 3.44 IP Address

添加完服务器地址后,单击 OK 按钮,磁盘空间分配完成,如图 3.45 所示。

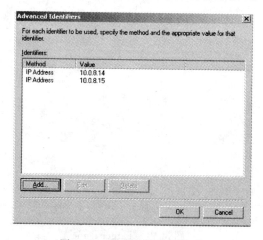

图 3.45　磁盘空间分配完成

下面为 Web 服务器提供虚拟磁盘空间,右击 WWW→Create Virtual Disk for iSCSI Target,如图 3.46 所示。

图 3.46　Create Virtual Disk for iSCSI Target

输入虚拟磁盘文件名称,如图 3.47 所示。

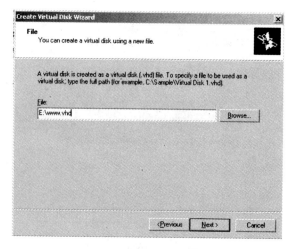

图 3.47　虚拟磁盘文件名称

输入为 Web 服务器提供的磁盘空间,如图 3.48 所示。

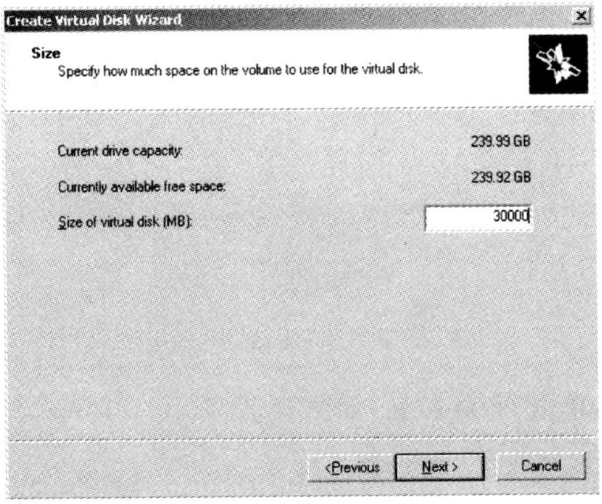

图 3.48　磁盘空间设置

输入虚拟磁盘描述信息,如图 3.49 所示。

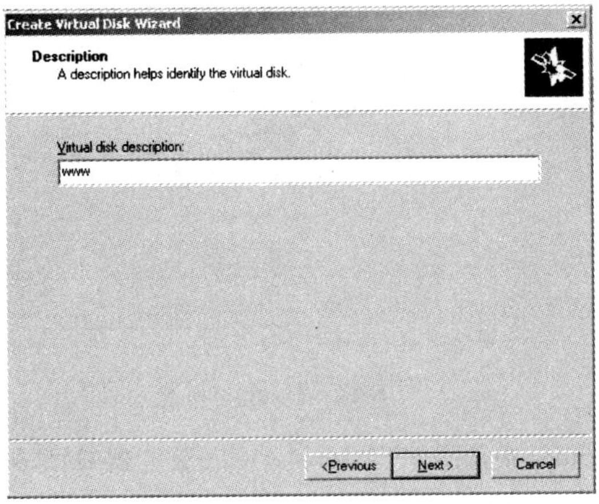

图 3.49　虚拟磁盘描述信息

选择允许访问的服务器,单击 Next 按钮,配置完成,如图 3.50 所示。

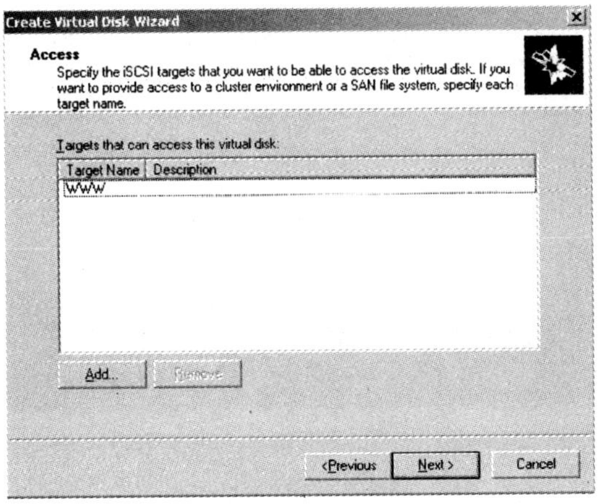

图 3.50　添加服务器

第 3 章

项目实施

下面为 Mail 服务器提供磁盘空间,右击 iSCSI Targets→Create iSCSI Target,如图 3.51 所示。

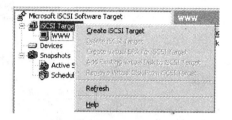

图 3.51　Create iSCSI Target

输入 Target name,单击 Next 按钮,如图 3.52 所示。

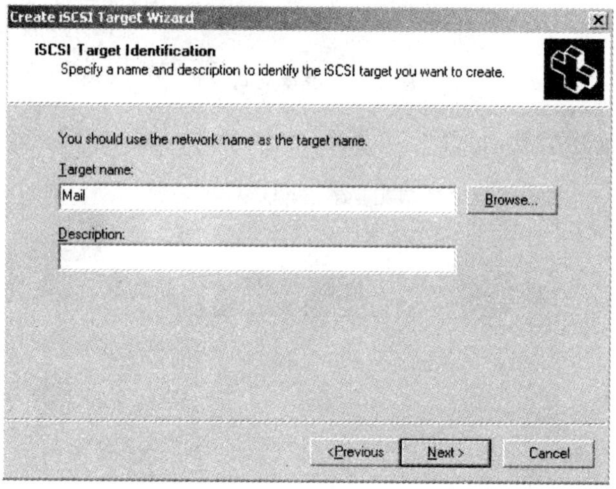

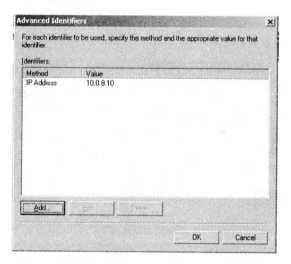

图 3.52　Target name

在 Add/Edit Identifiers 中选择 IP Address,输入服务器 IP 地址,这里是 Mail 服务器地址,单击 OK 按钮,如图 3.53 所示。

图 3.53　IP Address

下面为 Mail 服务器提供虚拟磁盘空间，右击 Mail→Create Virtual Disk for iSCSI Target，如图 3.54 所示。

图 3.54　Create Virtual Disk for iSCSI Target

输入虚拟磁盘文件名称，如图 3.55 所示。

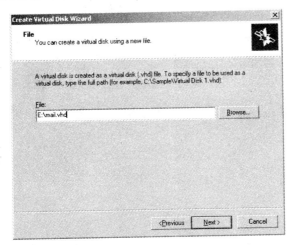

图 3.55　虚拟磁盘文件名称

输入为 Mail 服务器提供的磁盘空间，如图 3.56 所示。

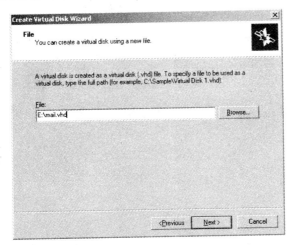

图 3.56　磁盘空间

选择允许访问的服务器,单击 Next 按钮,配置完成,如图 3.57 所示。

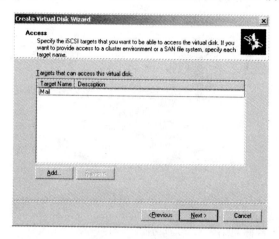

图 3.57 选择服务器

采用同样的方式,为数据库服务器创建磁盘空间,如图 3.58 所示。

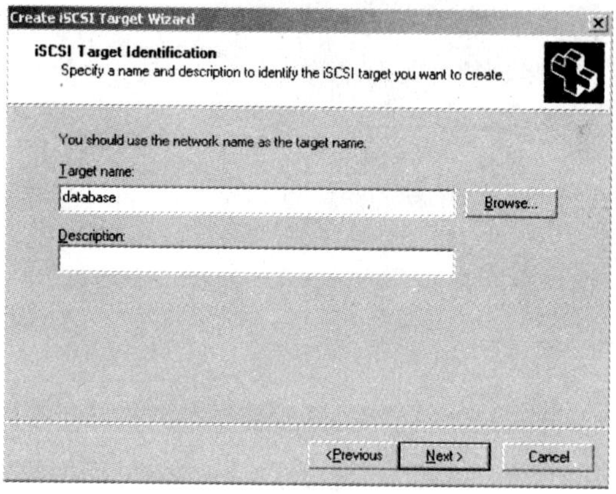

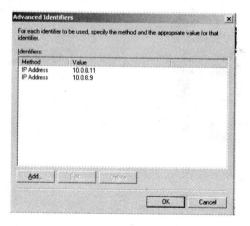

图 3.58 Target name

在 Add/Edit Identifiers 中选择 IP Address,输入服务器 IP 地址,这里是数据库服务器地址,单击 OK 按钮,如图 3.59 所示。

图 3.59 IP Address

为数据库服务创建虚拟磁盘，如图 3.60 所示。

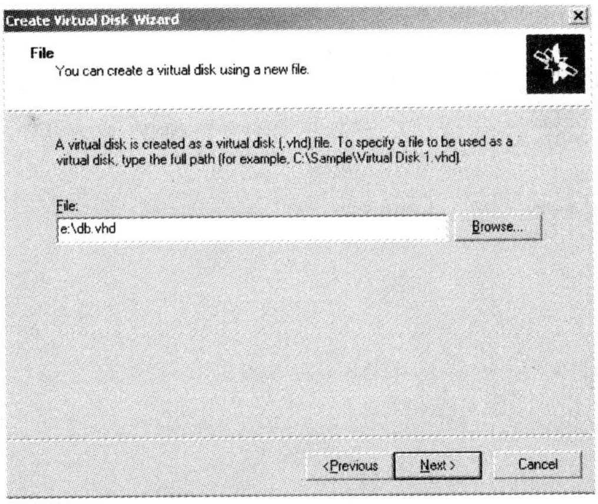

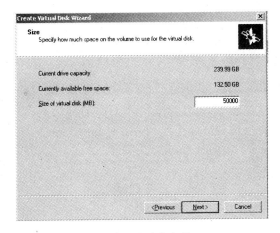

图 3.60　创建虚拟磁盘

输入磁盘容量，单击 Next 按钮，配置完成，如图 3.61 所示。

图 3.61　磁盘容量

采用同样的方式，为 FTP 服务器创建磁盘空间，如图 3.62 所示。

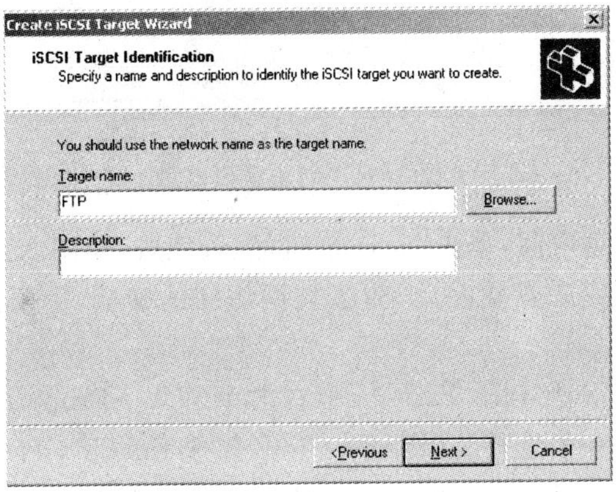

图 3.62　Target name

在 Add/Edit Identifiers 中选择 IP Address,输入服务器 IP 地址,这里是 FTP 服务器地址,单击 OK 按钮,如图 3.63 所示。

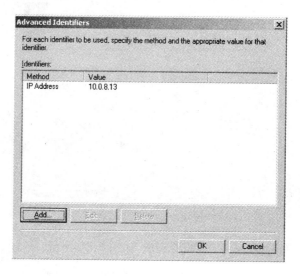

图 3.63　IP Address

为 FTP 服务器创建虚拟磁盘,如图 3.64 所示。

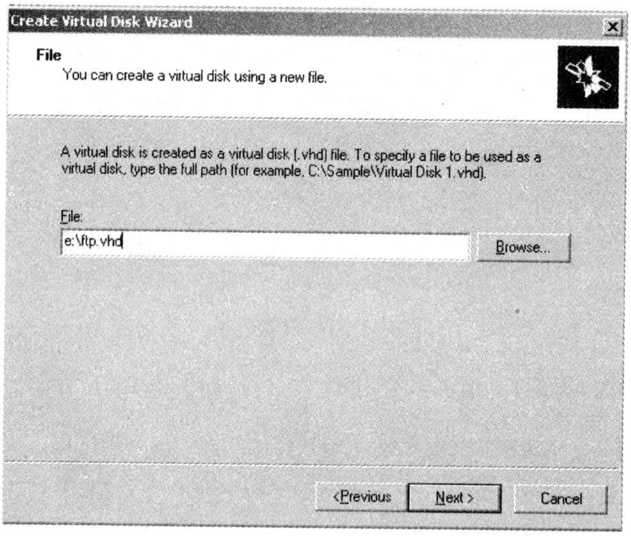

图 3.64　创建虚拟磁盘

为虚拟磁盘指定磁盘空间,单击 Next 按钮,配置完成,如图 3.65 所示。

为各个服务器分配完磁盘空间后,为了数据访问的安全,需要使用 CHAP 认证对服务器访问进行身份验证。

在 Microsoft iSCSI Software Targets 中右击 WWW→Properties,如图 3.66 所示。

在 WWW Properties 中选择 Authentication,勾选 Enable CHAP,输入用户名 www,口令 0123456789abc,单击 OK 按钮,如图 3.67 所示。

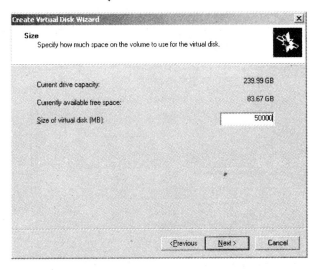

图 3.65　磁盘空间

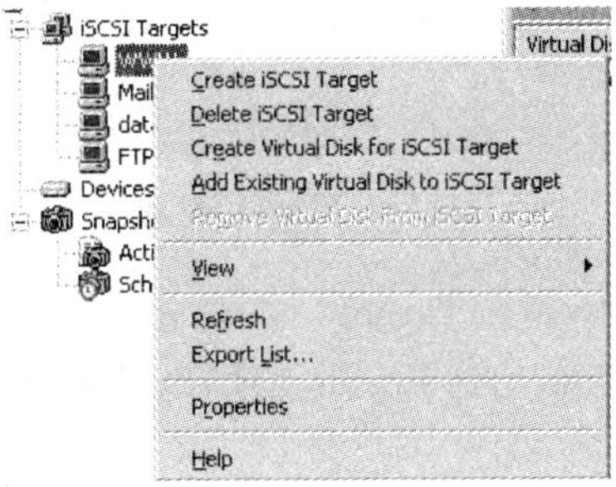

图 3.66　WWW-Properties

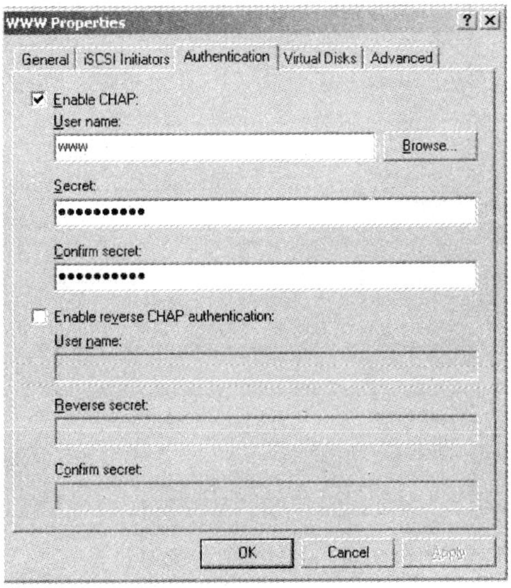

图 3.67　WWW→CHAP 账号设置

在 Microsoft iSCSI Software Targets 中右击 Mail→Properties,在 Mail Properties 中选择 Authentication,勾选 Enable CHAP,输入用户名 mail,口令 0123456789abc,单击 OK 按钮,如图 3.68 所示。

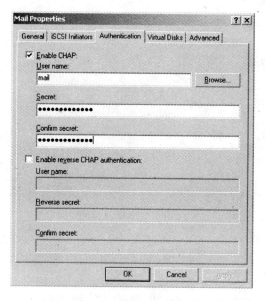

图 3.68　Mail→CHAP 账号设置

在 Microsoft iSCSI Software Targets 中右击 database → Properties,在 database Properties 中选择 Authentication,勾选 Enable CHAP,输入用户名 db,口令 0123456789abc,单击 OK 按钮,如图 3.69 所示。

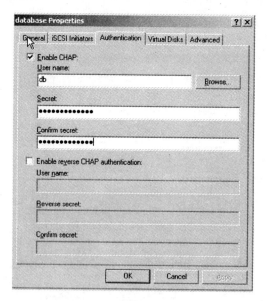

图 3.69　db→CHAP 账号设置

这样配置完存储服务器,如图 3.70 所示。

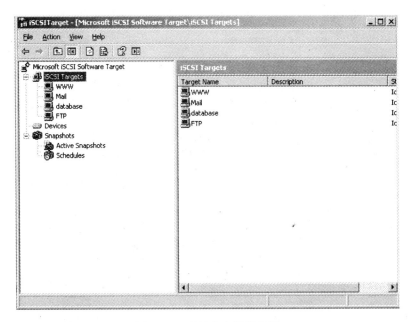

图 3.70　配置完存储服务器

3.2.7　网络应用系统构建

1. 域控制器和域名服务器部署

本项目中采用 Windows Server 2003 R2 版本,需要在服务器上安装此版本。

安装完操作系统后,需要配置本地连接,如图 3.71 所示。

```
Ethernet adapter 本地连接:

    Connection-specific DNS Suffix  . :
    Description . . . . . . . . . . . : UMware Accelerated AMD PCNet Adapter
    Physical Address. . . . . . . . . : 00-0C-29-B9-5E-C5
    DHCP Enabled. . . . . . . . . . . : No
    IP Address. . . . . . . . . . . . : 10.0.8.12
    Subnet Mask . . . . . . . . . . . : 255.255.255.0
    Default Gateway . . . . . . . . . : 10.0.8.1
    DNS Servers . . . . . . . . . . . : 10.0.8.12
```

图 3.71　配置本地连接

单击“开始”→“运行”→输入命令“cmd”,在命令提示符中输入“dcpromo”,如图 3.72 所示。

图 3.72　dcpromo

在活动目录向导中,单击“下一步”按钮,在域控制类型中选择“新域的域控制器”,如图 3.73 所示。

在创建一个新域中选择“在新林中的域”,单击“下一步”按钮,如图 3.74 所示。

74

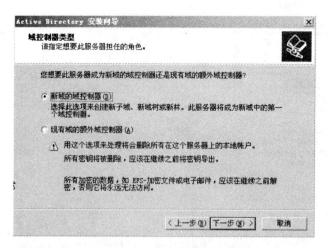

图 3.73 选择"新域的域控制器"

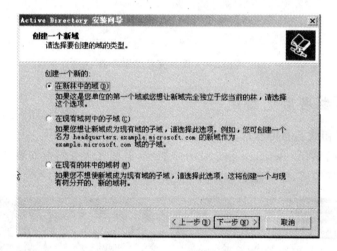

图 3.74 创建"在新林中的域"

输入新的域名,单击"下一步"按钮,如图 3.75 所示。

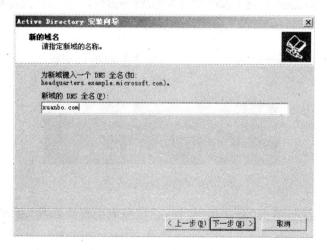

图 3.75 新的域名

单击"下一步"按钮,选择"在这台计算机上安装并配置 DNS 服务器…",单击"下一步"按钮,如图 3.76 所示。

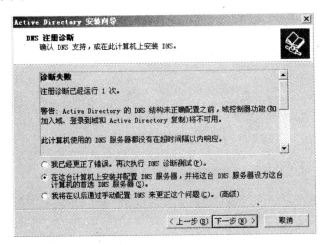

图 3.76　DNS 注册诊断

单击"下一步"→"下一步",安装完成活动目录,并重新启动计算机。

重启计算机,单击"开始"→"管理工具"→DNS,需要创建反向查找区域,右击"反向查找区域"→"新建区域",如图 3.77 所示。

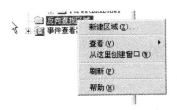

图 3.77　新建"反向查找区域"

"在区域类型"中选择"主要区域",单击"下一步"按钮,如图 3.78 所示。

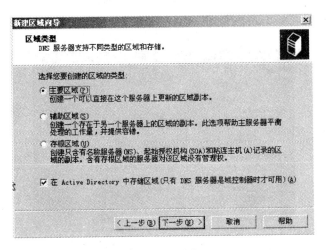

图 3.78　区域类型

第 3 章

项目实施

输入反向查找区域名称,单击"下一步"按钮,如图 3.79 所示。

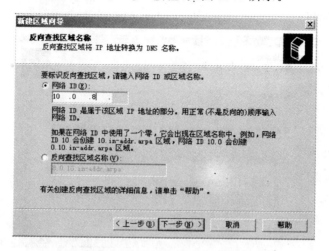

图 3.79　新建"反向查找区域"

配置完成的 DNS 服务器如图 3.80 所示。

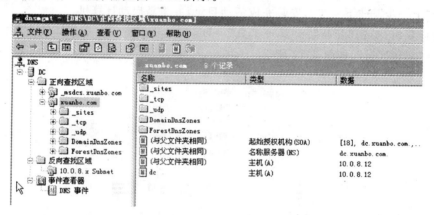

图 3.80　完成 DNS 服务器的配置

可以使用 nslookup 命令测试 DNS 服务,如图 3.81 所示。

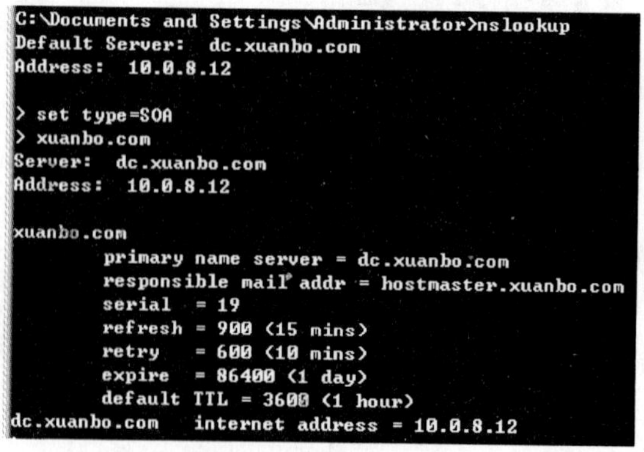

图 3.81　用 nslookup 命令测试 DNS 服务

接下来安装证书服务，单击"开始"→"控制面板"→"添加删除程序"→"添加删除组件"→"证书服务"，单击"下一步"按钮，如图 3.82 所示。

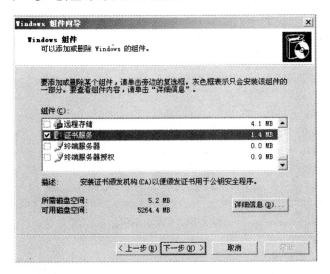

图 3.82　证书服务

选择"企业根"，单击"下一步"按钮，如图 3.83 所示。

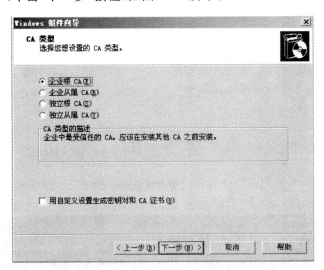

图 3.83　CA 类型

输入 CA 识别信息，单击"下一步"按钮，如图 3.84 所示。

进行证书数据库设置，单击"下一步"按钮，完成证书服务安装，如图 3.85 所示。

2. Web 服务器部署

本项目需要两台 Web 服务器，需要安装 Windows Server 2003 R2 版本。根据网络高可用性的需要，需要对两台 Web 服务器进行集群服务的配置，保证 Web 服务器的高可用性。

（1）网络基本配置

配置两台 Web 服务器的 IP 地址，两台服务器需要双网卡，一块网卡提供网络服务，另外一块网卡为心跳线，图 3.86 所示为 Web1 服务器的网络配置。

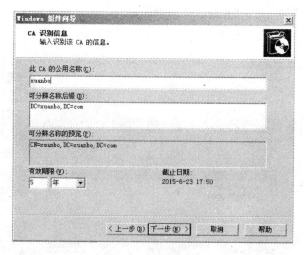

图 3.84　CA 识别信息

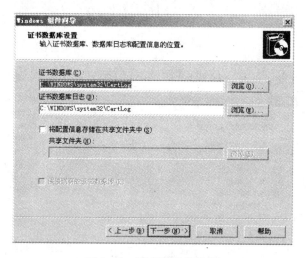

图 3.85　证书数据库设置

```
Ethernet adapter 本地连接:

    Connection-specific DNS Suffix  . :
    Description . . . . . . . . . . . : UMware Accelerated AMD PCNet Adapter
    Physical Address. . . . . . . . . : 00-0C-29-2E-CF-77
    DHCP Enabled. . . . . . . . . . . : No
    IP Address. . . . . . . . . . . . : 10.0.8.14
    Subnet Mask . . . . . . . . . . . : 255.255.255.0
    Default Gateway . . . . . . . . . : 10.0.8.1
    DNS Servers . . . . . . . . . . . : 10.0.8.12

Ethernet adapter 本地连接 2:

    Connection-specific DNS Suffix  . :
    Description . . . . . . . . . . . : UMware Accelerated AMD PCNet Adapter #2
    Physical Address. . . . . . . . . : 00-0C-29-2E-CF-81
    DHCP Enabled. . . . . . . . . . . : No
    IP Address. . . . . . . . . . . . : 9.9.9.9
    Subnet Mask . . . . . . . . . . . : 255.255.255.252
    Default Gateway . . . . . . . . . :
    NetBIOS over Tcpip. . . . . . . . : Disabled
```

图 3.86　Web1 的网络配置

如图 3.87 所示为 Web2 服务器的网络配置。

```
Ethernet adapter 本地连接:

   Connection-specific DNS Suffix  . :
   Description . . . . . . . . . . . : VMware Accelerated AMD PCNet Adapter
   Physical Address. . . . . . . . . : 00-0C-29-D0-B5-A7
   DHCP Enabled. . . . . . . . . . . : No
   IP Address. . . . . . . . . . . . : 10.0.8.15
   Subnet Mask . . . . . . . . . . . : 255.255.255.0
   Default Gateway . . . . . . . . . : 10.0.8.1
   DNS Servers . . . . . . . . . . . : 10.0.8.12

Ethernet adapter 本地连接 2:

   Connection-specific DNS Suffix  . :
   Description . . . . . . . . . . . : VMware Accelerated AMD PCNet Adapter #2
   Physical Address. . . . . . . . . : 00-0C-29-D0-B5-B1
   DHCP Enabled. . . . . . . . . . . : No
   IP Address. . . . . . . . . . . . : 9.9.9.10
   Subnet Mask . . . . . . . . . . . : 255.255.255.252
   Default Gateway . . . . . . . . . :
   NetBIOS over Tcpip. . . . . . . . : Disabled
```

图 3.87　Web2 的网络配置

（2）挂载磁盘

网络连接配置完成后，需要将两台服务器加入到 xuanbo.com 的域中。

登录到第一台服务器上，第一台服务器加入到 xuanbo.com 域中之后，需要安装 Initiator 组件，挂载网络硬盘，双击安装软件，如图 3.88 所示。

图 3.88　Initiator 组件

单击"下一步"按钮，进行安装，如图 3.89 所示。

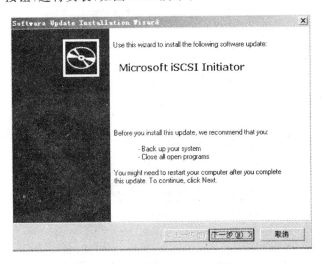

图 3.89　安装 Initiator 组件

采用默认安装方式，单击"下一步"按钮，安装完成，如图 3.90 所示。

第 3 章

项目实施

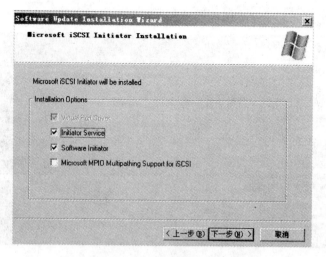

图 3.90 安装选项

安装完成后,双击桌面 iSCSI Initiator 图标,如图 3.91 所示。

图 3.91 iSCSI Initiator

单击"iSCSI Initiator 属性"→Discovery→Add,如图 3.92 所示。

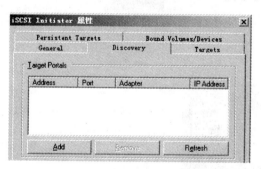

图 3.92 Discovery→Add

输入存储服务器的 IP 地址,单击 OK 按钮,如图 3.93 所示。

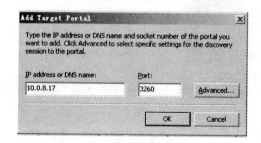

图 3.93 存储服务器的 IP 地址

单击"iSCSI Initiator 属性"→Targets→Log On,如图 3.94 所示。

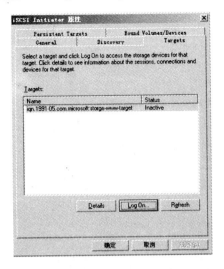

图 3.94　Targets→Log On

单击 Log On to Target 中的 Advanced 选项,如图 3.95 所示。

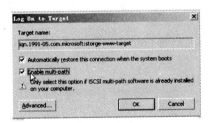

图 3.95　Log On to Target→Advanced

选择 Advanced Settings,勾选 CHAP logon information,输入用户名 www 和口令 0123456789abc,如图 3.96 所示。

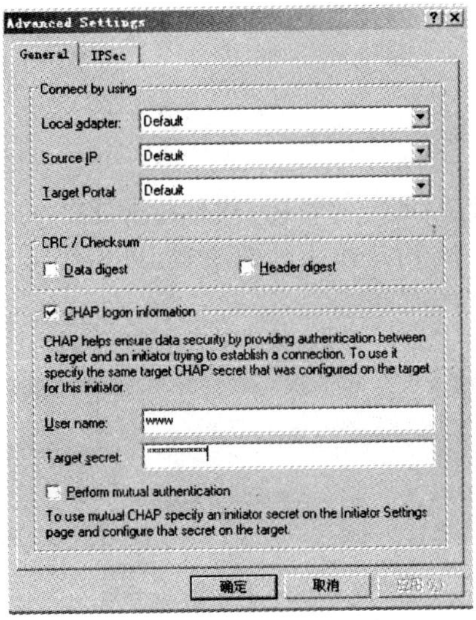

图 3.96　Advaced Settings

配置完成后,系统自动连接到网络磁盘,如图 3.97 所示。

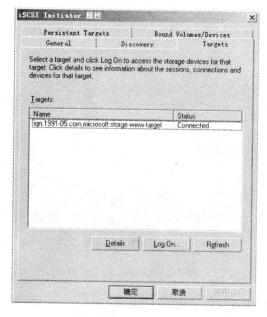

图 3.97　网络磁盘连接

网络磁盘挂载后,需要对磁盘进行初始化,单击"开始"→"管理工具"→"计算机管理",如图 3.98 所示。

图 3.98　计算机管理

在磁盘管理中找到新磁盘,进行初始化,并对其进行分区,需要创建两个磁盘,分别为 O 盘和 P 盘,O 盘大小为 500MB,用其作为仲裁磁盘,P 盘作为数据分区,将所剩余的容量都分配给此磁盘,如图 3.99 所示。

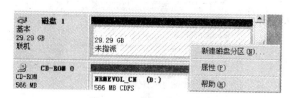

图 3.99　新建磁盘分区

指定分区的大小，单击"下一步"按钮，如图 3.100 所示。

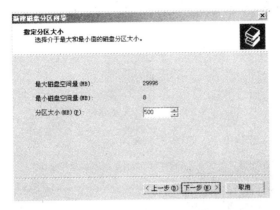

图 3.100　指定分区大小

指派驱动器号，单击"下一步"按钮，如图 3.101 所示。

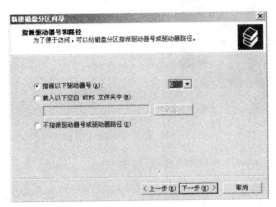

图 3.101　指派驱动器号

单击"下一步"按钮，对磁盘进行格式化，配置完成，如图 3.102 所示。

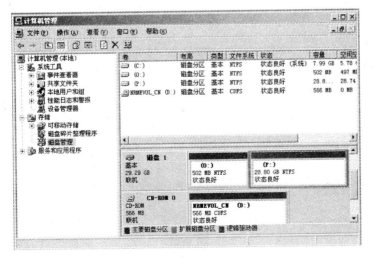

图 3.102　磁盘格式化

第
3
章

项目实施

第一台服务器配置完成后,登录到第二台服务器上,同样将第二台服务器加入到 xuanbo.com 域中之后,需要安装 Initiator 组件,挂载网络硬盘,双击安装软件,如图 3.103 所示。

图 3.103　安装软件

单击"下一步"按钮,进行安装,如图 3.104 所示。

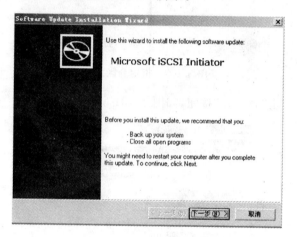

图 3.104　安装 Initiator 组件

采用默认安装方式,单击"下一步"按钮,安装完成,如图 3.105 所示。

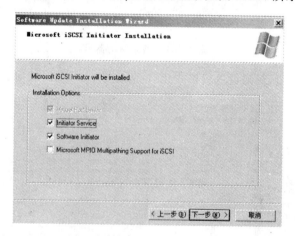

图 3.105　安装选项

安装完成后,双击桌面 iSCSI Initiator 图标,如图 3.106 所示。

图 3.106　iSCSI Initiator 图标

单击"iSCSI Initiator 属性"→Discovery→Add,如图 3.107 所示。

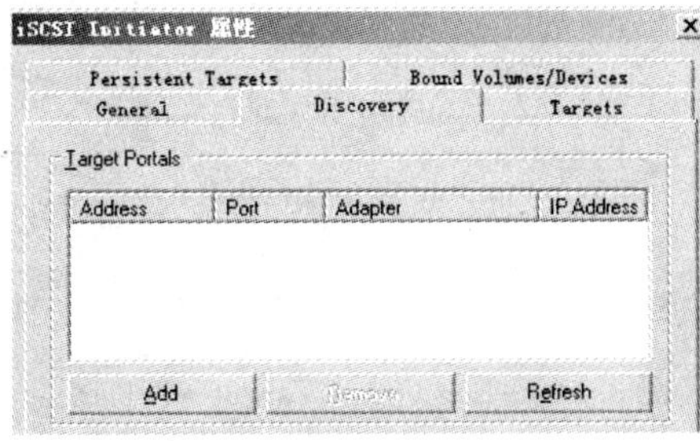

图 3.107　Discovery→Add

输入存储服务器的 IP 地址,单击 OK 按钮,如图 3.108 所示。

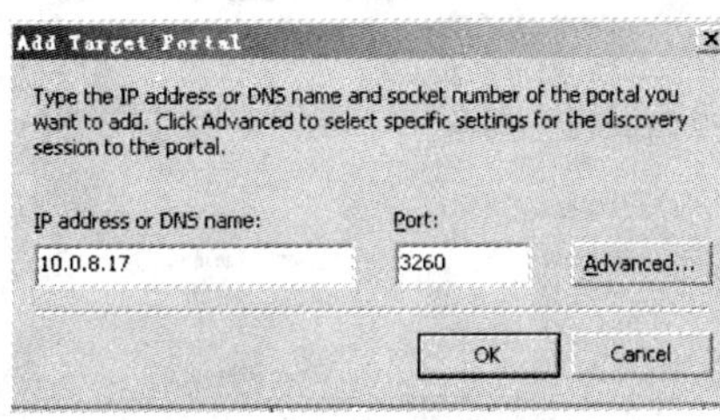

图 3.108　存储服务器 IP 地址

单击"iSCSI Initiator 属性"→Targets→Log On,如图 3.109 所示。

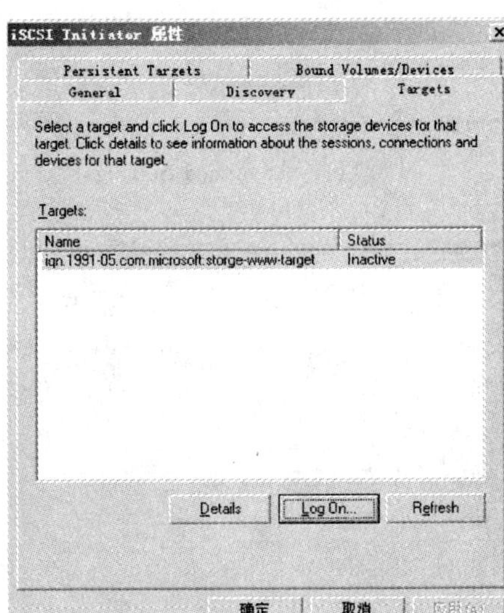

图 3.109　Targets→Log On

单击 Log On to Target 中的 Advanced 选项,如图 3.110 所示。

选择 Advanced Settings,勾选 CHAP logon information,输入用户名 www 和口令 0123456789abc,如图 3.111 所示。

配置完成后,系统自动连接到网络磁盘,如图 3.112 所示。

图 3.110 Log On to Target→Advanced

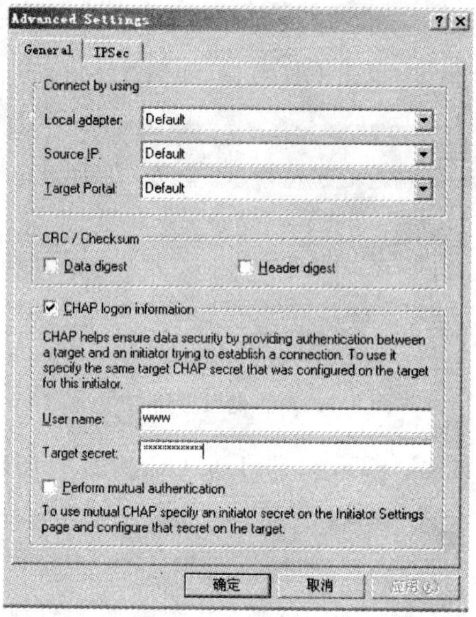

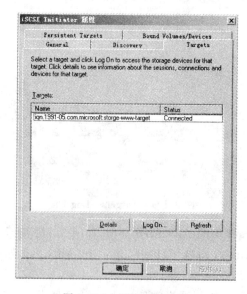

图 3.111 Advanced Settings

图 3.112 网络磁盘连接

网络磁盘挂载后,需要对磁盘进行初始化,单击"开始"→"管理工具"→"计算机管理",如图3.113所示。

在计算机管理器中找到磁盘管理,这时会看到磁盘已经完成了分区和格式化,因为第一台服务器对此进行了操作,所以只需要对磁盘指派盘符就可以了,右击分区→"更改驱动器号和路径",如图3.114所示。

图3.113　计算机管理　　　　　　　图3.114　更改驱动器号和路径

单击"添加",指派与第一台服务器同样的驱动器符,如图3.115所示。

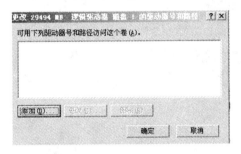

图3.115　指派驱动器符

配置完成后,磁盘分区如图3.116所示。

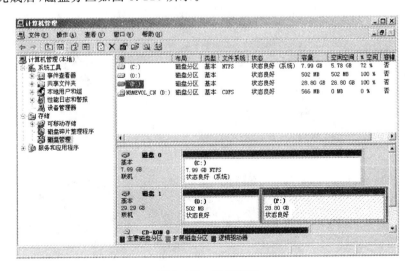

图3.116　配置完成

（3）安装群集

单击"开始"→"管理工具"→"群集管理器"，如图 3.117 所示。

在群集管理器中选择"创建新群集"，单击"确定"按钮，如图 3.118 所示。

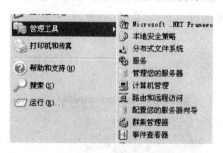

图 3.117　群集管理器　　　　　　　　　　　图 3.118　创建新群集

输入群集名，单击"下一步"按钮，如图 3.119 所示。

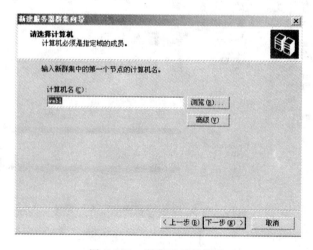

图 3.119　群集名称和域

输入群集成员计算机，单击"下一步"按钮，如图 3.120 所示。

图 3.120　群集成员计算机

对群集进行配置分析,单击"下一步"按钮,如图 3.121 所示。

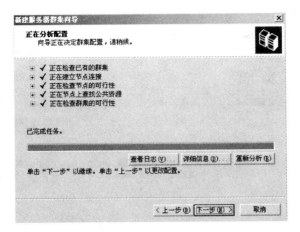

图 3.121　群集配置分析

输入虚拟服务器地址,单击"下一步"按钮,如图 3.122 所示。

图 3.122　虚拟服务器地址

输入群集服务账户名称和口令,单击"下一步"按钮,如图 3.123 所示。

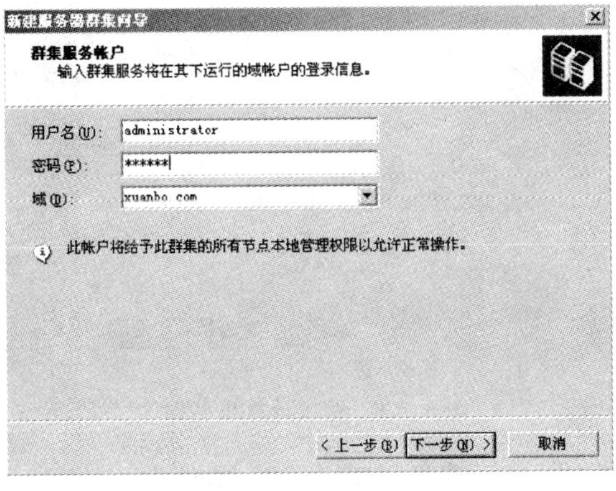

图 3.123　群集服务账户

创建群集,单击"下一步"按钮,完成群集配置,如图 3.124 所示。

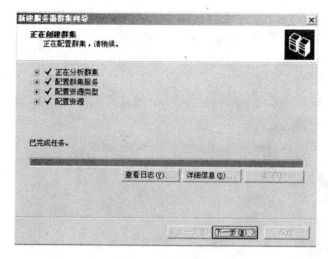

图 3.124 创建群集

配置完成后,需要添加另外一个群集节点,右击"群集服务器"→"新建"→"节点",如图 3.125 所示。

图 3.125 新建节点

输入另外一个节点计算机的名称,单击"下一步"按钮,如图 3.126 所示。

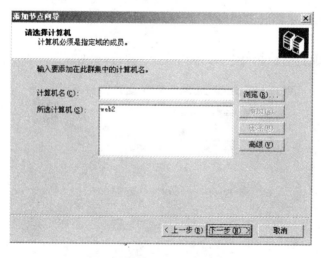

图 3.126 输入计算机名称

群集分析配置,单击"下一步"按钮,如图 3.127 所示。

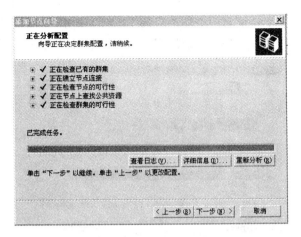

图 3.127　群集分析配置

输入群集账户口令,单击"下一步"按钮,如图 3.128 所示。

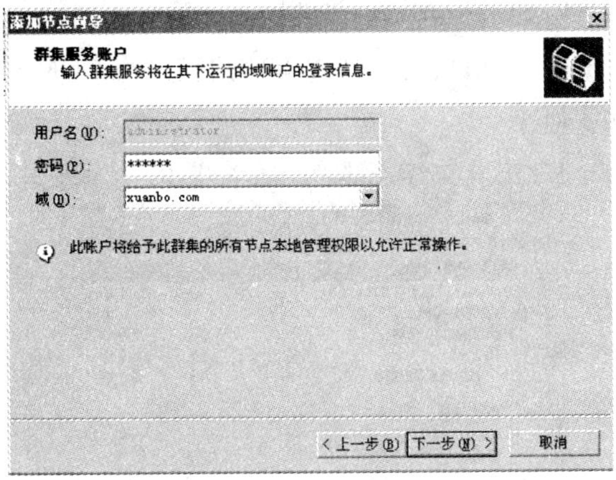

图 3.128　输入群集账户口令

配置群集,单击"下一步"按钮,完成群集配置,如图 3.129 所示。

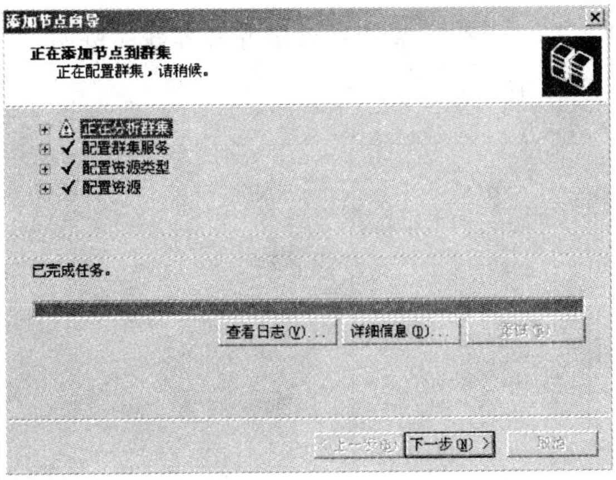

图 3.129　配置群集

第 3 章

项目实施

群集配置完成后,需要在两台服务器上安装 IIS 6.0 服务,单击"开始"→"控制面板"→"添加删除程序"→"添加删除组件"→"应用程序服务器"→"详细信息",如图 3.130 所示。

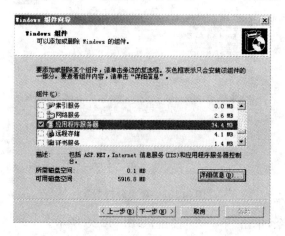

图 3.130　添加 IIS 6.0 服务

选择 ASP. NET、"Internet 信息服务(IIS)"和"启用网络 COM＋访问",单击"确定"按钮,进行安装,如图 3.131 所示。

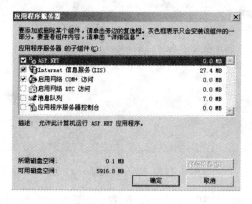

图 3.131　安装组件

两台服务器安装完 IIS 6.0 之后,需要在群集服务器新建资源,右击"群集服务器"→"新建"→"资源",如图 3.132 所示。

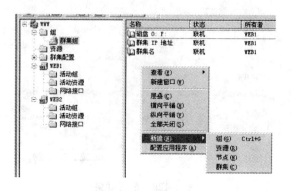

图 3.132　新建资源

在"新建资源"界面中输入名称,并选择"通用脚本"和"群集组",单击"下一步"按钮,如图 3.133 所示。

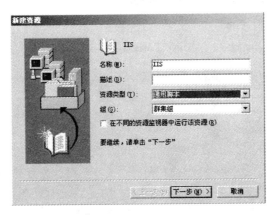

图 3.133　资源类型

选择所有者,单击"下一步"按钮,如图 3.134 所示。

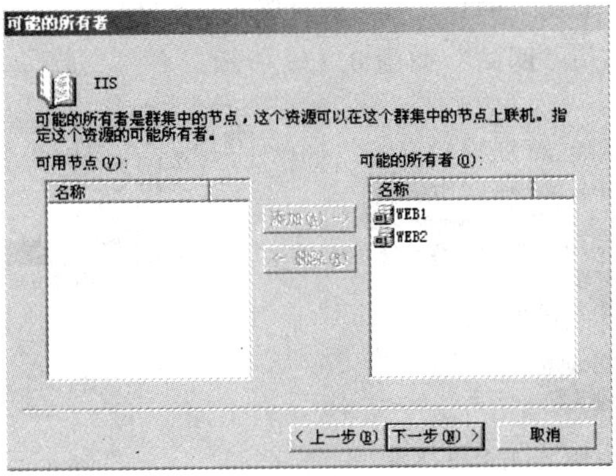

图 3.134　选择所有者

选择依存关系,单击"下一步"按钮,如图 3.135 所示。

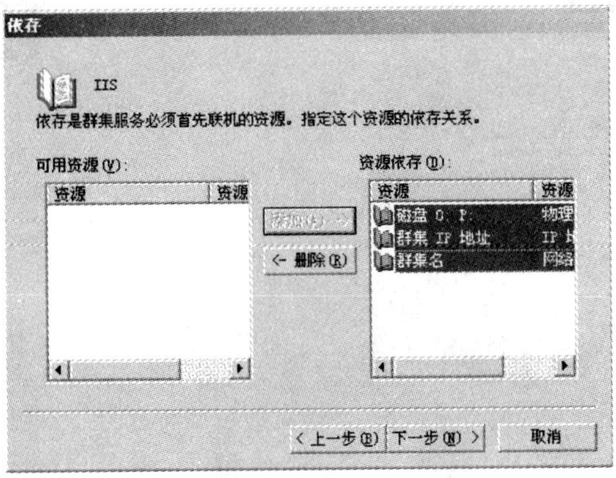

图 3.135　选择依存关系

第 3 章

项目实施

输入 IIS 脚本文件路径，单击"完成"按钮，如图 3.136 所示。

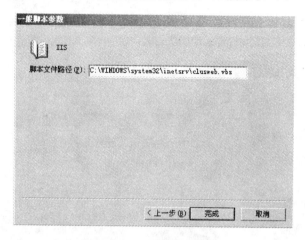

图 3.136　IIS 脚本文件路径

（4）配置 IIS 服务

单击"开始"→"管理工具"→"Internet 信息服务(IIS)管理器"，如图 3.137 所示。

右击"网站"→"新建"→"网站"，如图 3.138 所示。

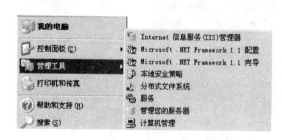

图 3.137　Internet 信息服务(IIS)管理器

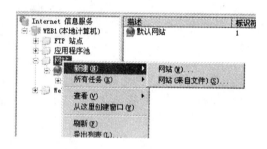

图 3.138　新建网站

输入网站描述，单击"下一步"按钮，如图 3.139 所示。

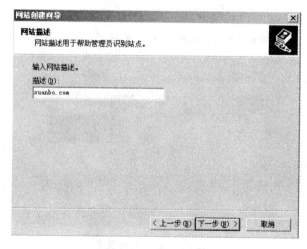

图 3.139　网站描述

选择 IP 地址和端口设置，单击"下一步"按钮，如图 3.140 所示。

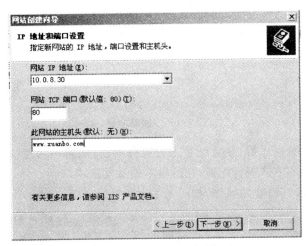

图 3.140　IP 地址和端口设置

输入主目录路径，单击"下一步"按钮，如图 3.141 所示。

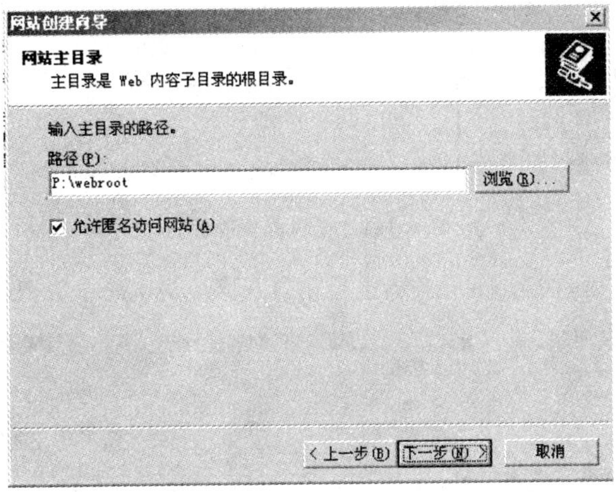

图 3.141　主目录路径

图 3.142 所示为配置完成的 IIS 服务。

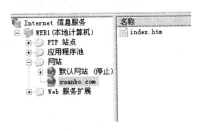

图 3.142　完成 IIS 服务配置

打开 IE 浏览器，输入 www.xuanbo.com 进行网站的测试，如图 3.143 所示。

第 3 章

项目实施

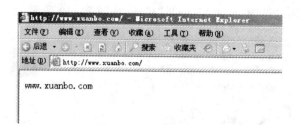

图 3.143　网站测试

第一台服务器配置完成后,登录到第二台服务器,按照第一台服务器的 IIS 配置,对第二台服务器采用同样的方式进行配置,在这里不做重复描述。

配置完成后,查看其群集的状态,如图 3.144 所示。

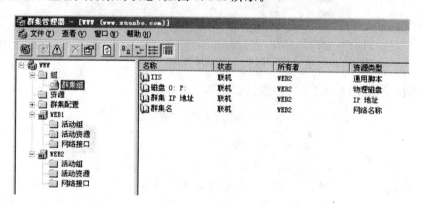

图 3.144　查看群集的状态

配置完成集群之后,在 DNS 服务器上会出现一条 www 的主机记录,如图 3.145 所示。

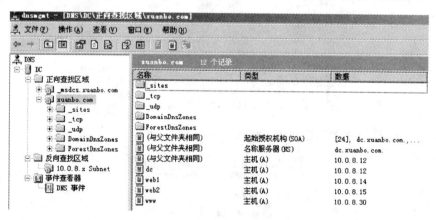

图 3.145　www 的主机记录

3. Mail 服务器部署

本项目需要一台 Mail 服务器,安装 Windows Server 2003 R2 版本。需要为 Mail 服务器配置网络连接,并将此计算机加入到 xuanbo.com 域中。

然后需要在服务器上安装 Microsoft iSCSI Initiator 软件,安装完成后,进行磁盘挂载。

双击桌面 Microsoft iSCSI Initiator 图标,单击"iSCSI Initiator 属性"→Discovery→Add,如图 3.146 所示。

在 Add Target Portal 中输入存储服务器的 IP 地址和端口号,如图 3.147 所示。

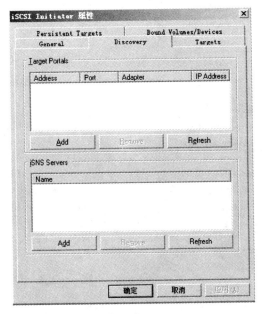

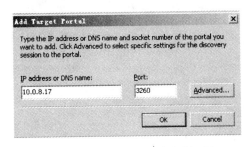

图 3.146　Discovery→Add　　　　　　　　　图 3.147　IP 地址和端口号

单击"iSCSI Initiator 属性"→Targets→Log On,如图 3.148 所示。

单击 Log On to Target 中的 Advanced 选项,如图 3.149 所示。

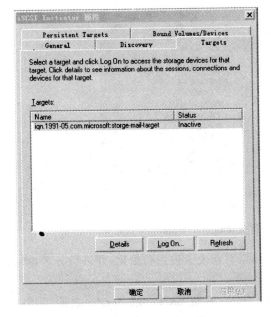

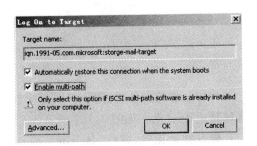

图 3.148　Targets→Log On　　　　　　　　　图 3.149　Log On to Target→Advanced

第 3 章

项目实施

选择 Advanced Settings，勾选 CHAP logon information，输入用户名 mail 和口令 0123456789abc，单击"确定"按钮，完成配置，如图 3.150 所示。

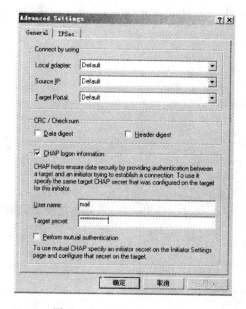

图 3.150 Advaced Settings

网络磁盘挂载后，需要对磁盘进行初始化，单击"开始"→"管理工具"→"计算机管理"命令，如图 3.151 所示。

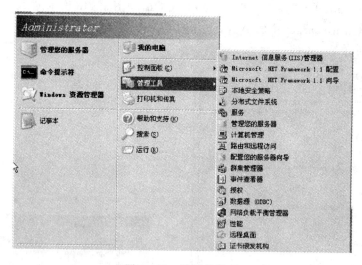

图 3.151 计算机管理

打开计算管理器后，则会看到新挂载到的磁盘，对新硬盘进行初始化，并进行分区，将其盘符指定为 O 盘。如图 3.152 所示。

硬盘初始化后，进行 Exchange Server 的安装。在安装 Exchange Server 之前，需要安装 SMTP、NNTP 服务器，然后将 Exchange Server 2003 光盘放入到光驱中，单击安装，如图 3.153 所示。

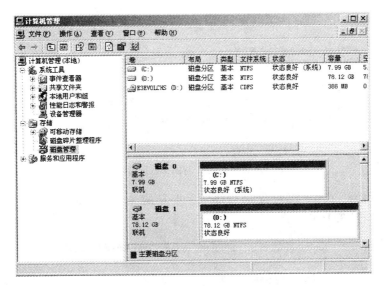

图 3.152　新硬盘初始化分区

图 3.153　安装 Exchange Server

选择"部署第一台 Exchange 2003 服务器",如图 3.154 所示。

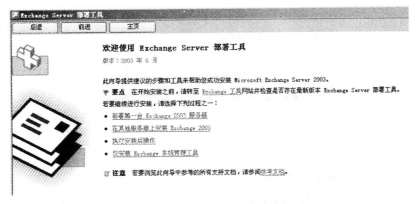

图 3.154　部署第一台 Exchange 2003 服务器

选择"安装全新的 Exchange 2003",如图 3.155 所示。

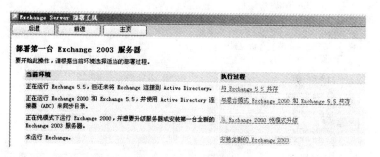

图 3.155　安装全新的 Exchange 2003

安装 Exchane Server 时首先进行 1～5 步骤的测试，测试完成后，单击"立即运行 ForestPrep"，如图 3.156 所示。

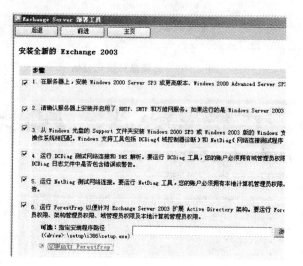

图 3.156　运行 ForestPrep

弹出安装向导后，单击"下一步"按钮，然后选择"我同意"，单击"下一步"按钮，进行域森林的扩展，如图 3.157 所示。

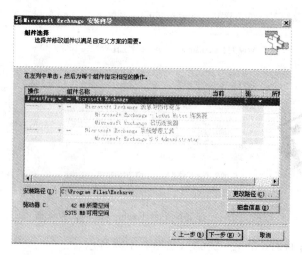

图 3.157　域森林的扩展

输入账户,单击"下一步"按钮,如图 3.158 所示。

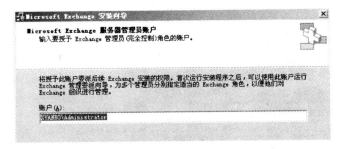

图 3.158　输入账户

进行组件安装,如图 3.159 所示。

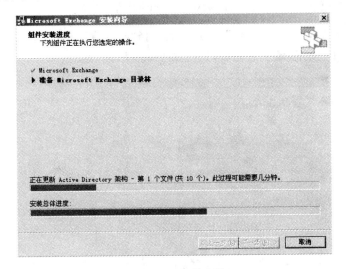

图 3.159　组件安装

单击"完成"按钮,域扩展完成,如图 3.160 所示。

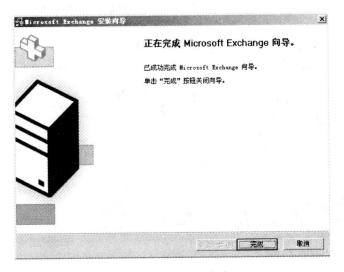

图 3.160　域扩展完成

在 Exchange Server 部署工具中,单击"立即运行 DomainPrep",如图 3.161 所示。

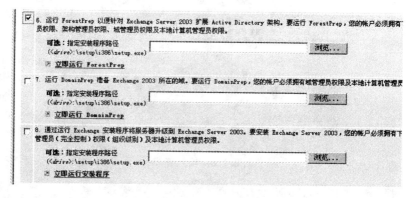

图 3.161 DomainPrep

弹出安装向导后,单击"下一步"按钮,然后选择"我同意",单击"下一步"按钮,进行域的扩展,单击"下一步"按钮,域扩展完成,如图 3.162 所示。

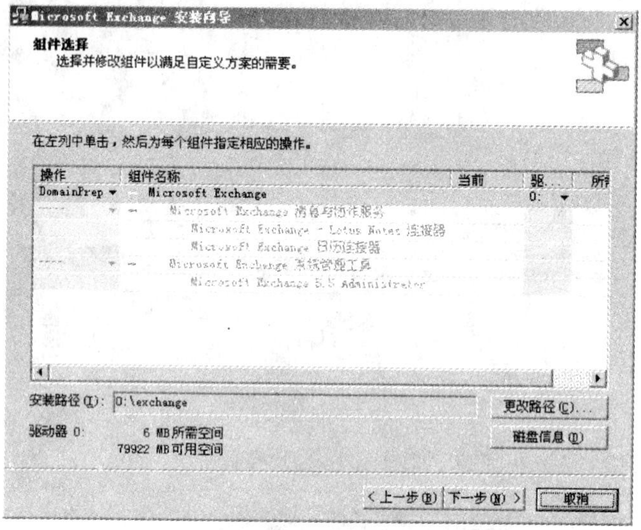

图 3.162 域的扩展

在 Exchange Server 部署工具中,单击"立即运行安装程序",如图 3.163 所示。

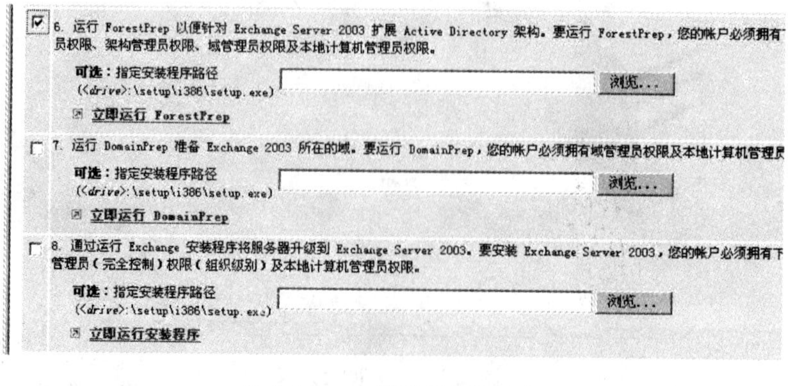

图 3.163 立即运行安装程序

单击"下一步"按钮，进行安装，如图 3.164 所示。

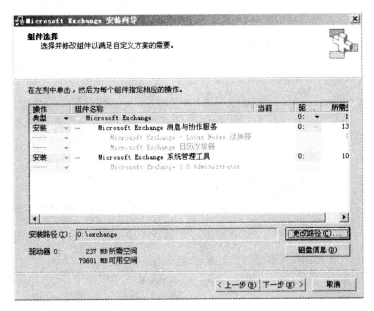

图 3.164　Exchange 安装

选择"新建 Exchange 组织"，单击"下一步"按钮，如图 3.165 所示。

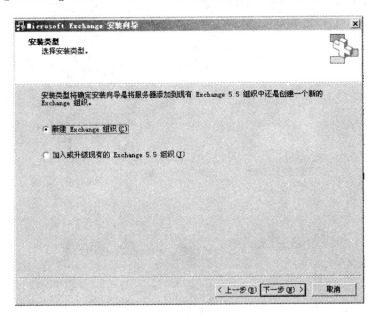

图 3.165　新建 Exchange 组织

输入组织名，单击"下一步"按钮，如图 3.166 所示。

输入简单管理组名，单击"下一步"按钮，如图 3.167 所示。

选择安装路径，单击"下一步"按钮，进行安装，如图 3.168 所示。

安装完成服务器后，需要在 DNS 服务器中添加 MX 记录，单击"开始"→"管理工具"→

第
3
章

项目实施

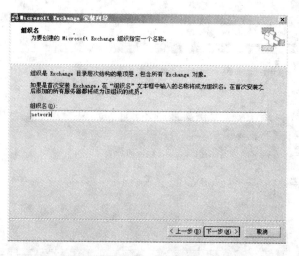

图 3.166　输入组织名

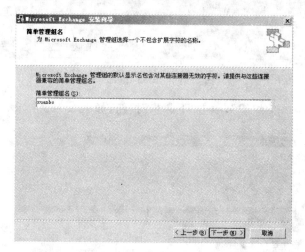

图 3.167　输入简单管理组名

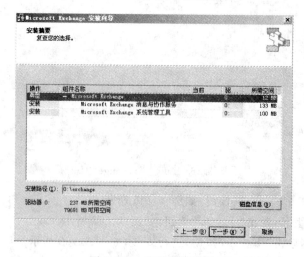

图 3.168　选择安装路径

DNS,右击"新建邮件交换器",如图 3.169 所示。

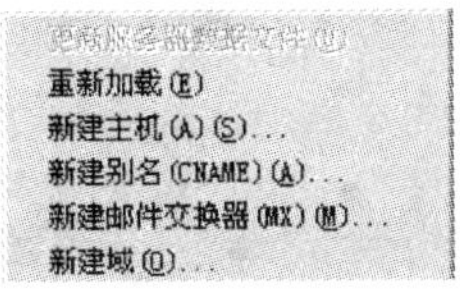

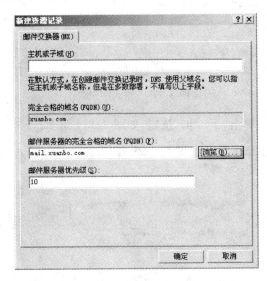

图 3.169　新建邮件交换器

输入邮件服务器名称,单击"确定"按钮,配置完成,如图 3.170 所示。

图 3.170　邮件服务器的完全合格的域名

可以使用 nslookup 进行 MX 记录测试,如图 3.171 所示。

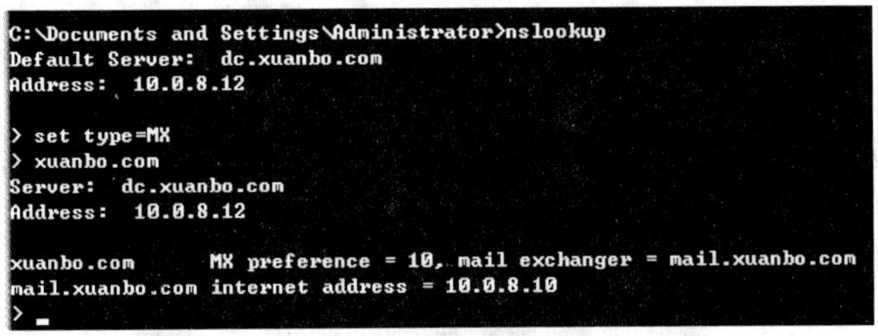

图 3.171　MX 记录测试

DNS 服务器配置完成,需要使用客户端进行测试,单击"开始"→"所有程序"→Outlook Express,如图 3.172 所示。

图 3.172　选择 Outlook Express 命令

输入用户名,单击"下一步"按钮,如图 3.173 所示。

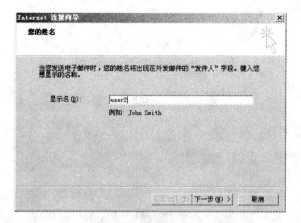

图 3.173　输入用户名

输入电子邮件地址,单击"下一步"按钮,如图 3.174 所示。

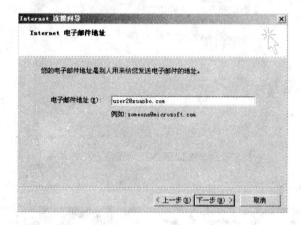

图 3.174　输入电子邮件地址

输入电子邮件服务器名称,单击"下一步"按钮,如图 3.175 所示。

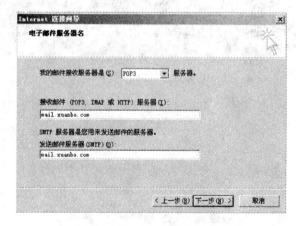

图 3.175　输入电子邮件服务器名称

输入用户名和口令,单击"下一步"按钮,配置完成,如图 3.176 所示。

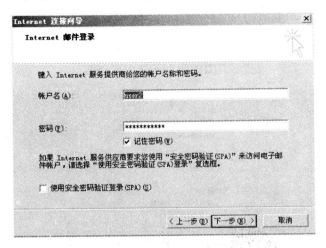

图 3.176　输入用户名和口令

配置完成后,使用 user2 用户给 user1 用户发送一封邮件,再用 user1 接收邮件,如图 3.177 所示。

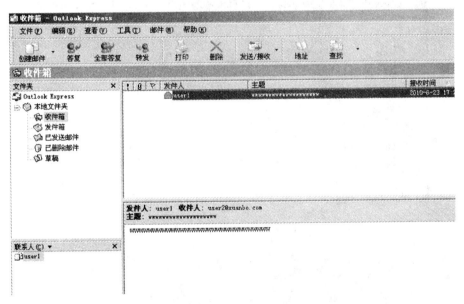

图 3.177　user1 用户

也可以使用 OWA 的方式来接收 user2 的邮件,打开 IE 浏览器,在网址中输入 http://mail.xuanbo.com/exchange,这里会弹出 OWA 认证窗口,输入用户名和口令,单击"登录"按钮,如图 3.178 所示。

这时会通过 OWA 的方式访问邮件地址,如图 3.179 所示。

因为用普通方式使用 OWA 访问邮件服务器很不安全,所以下面采用 SSL 加密方式来访问邮件服务器,单击"开始"→"管理工具"→"Internet 信息服务(IIS)管理器",如图 3.180 所示。

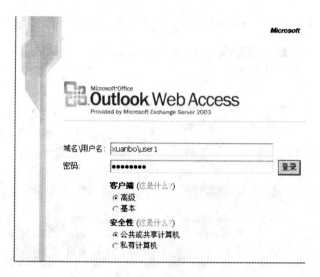

图 3.178　邮件登录

图 3.179　访问邮件地址

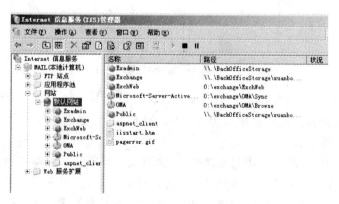

图 3.180　Internet 信息服务

右击"默认站点"→"属性",打开"默认站点属性"对话框,单击"服务器证书"按钮,如图 3.181 所示。

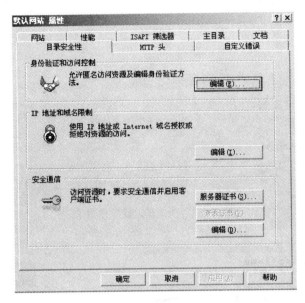

图 3.181　服务器证书

选择"新建证书"单选按钮,单击"下一步"按钮,如图 3.182 所示。

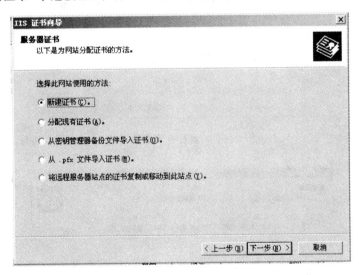

图 3.182　新建证书

选择"现在准备证书请求,但稍后发送"单选按钮,注意,如果"立即将证书请求发送到联机证书颁发机构"是可选择的,则选择此项,这样操作会很简单,单击"下一步"按钮,如图 3.183 所示。

输入名称和安全性设置,单击"下一步"按钮,如图 3.184 所示。

输入单位信息,单击"下一步"按钮,如图 3.185 所示。

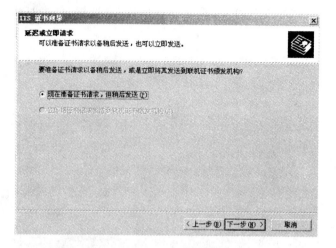

图 3.183　选择延迟或立即请求

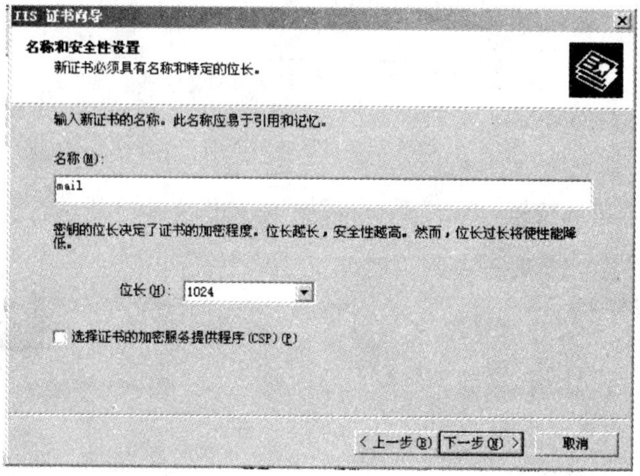

图 3.184　名称和安全性设置

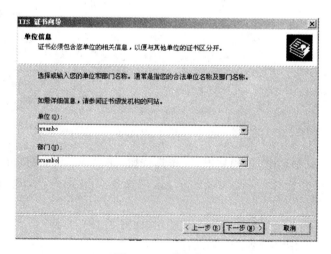

图 3.185　单位信息

输入站点的公用名称,单击"下一步"按钮,如图 3.186 所示。

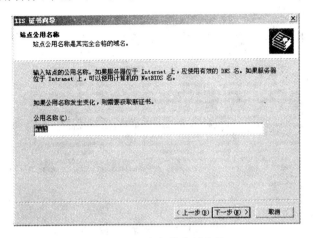

图 3.186   站点的公用名称

输入地理信息,单击"下一步"按钮,如图 3.187 所示。

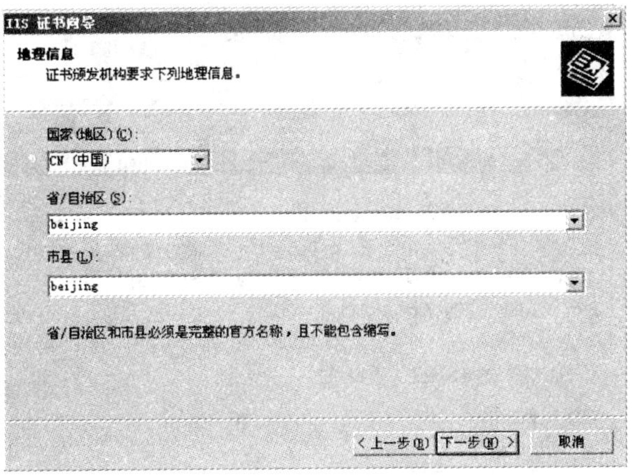

图 3.187   地理信息

将证书请求文件输出到本地磁盘,单击"下一步"按钮,完成申请,如图 3.188 所示。

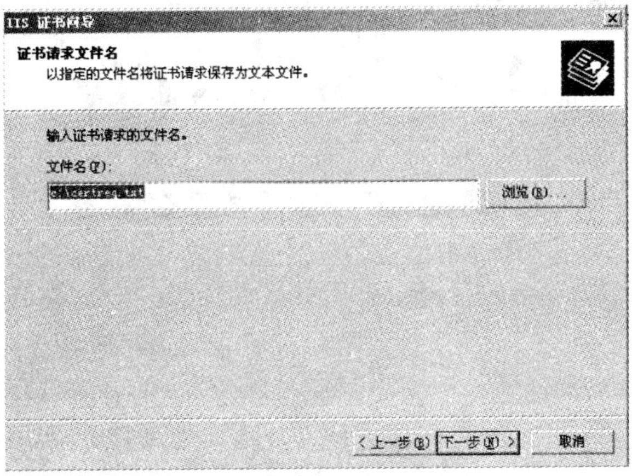

图 3.188   证书请求文件名

在本地磁盘找到证书请求，打开文件，复制文件内容，如图 3.189 所示。

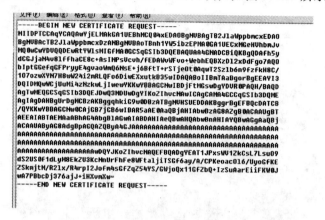

图 3.189　证书请求信息

打开 IE 浏览器，输入证书颁发机构地址，在弹出的证书服务页面选择"申请一个证书"，如图 3.190 所示。

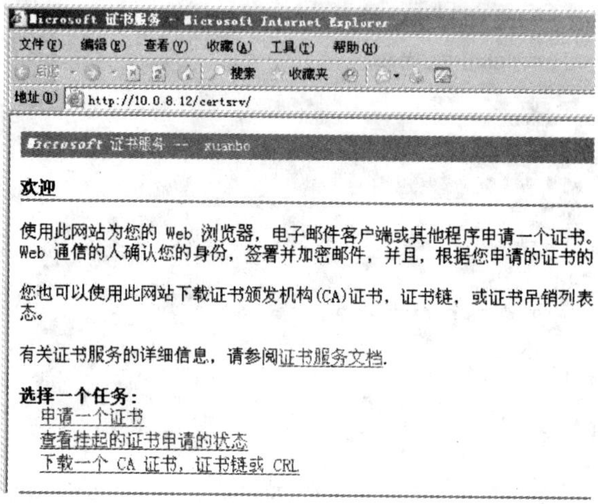

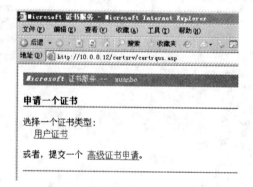

图 3.190　申请一个证书

选择"高级证书申请"，如图 3.191 所示。

图 3.191　高级证书申请

选择"使用 base64 编码……",如图 3.192 所示。

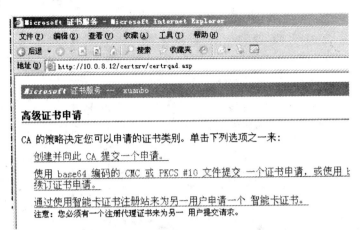

图 3.192　使用 base64 编码

将刚刚复制的证书申请内容粘贴到方框中,单击"提交"按钮,如图 3.193 所示。

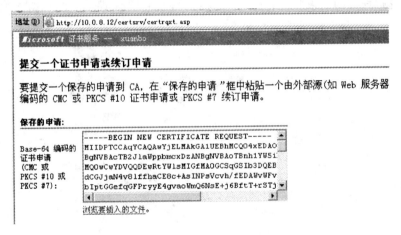

图 3.193　提交证书申请

单击"下载证书",将证书下载到本地,如图 3.194 所示。

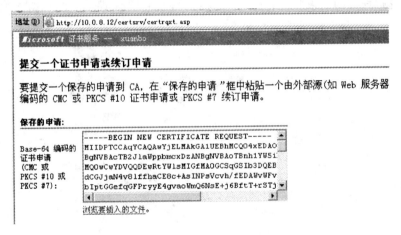

图 3.194　下载证书

第 3 章

项目实施

再回到 Internet 信息服务的"默认站点属性"→"目录安全性"→"服务器证书",如图 3.195 所示。

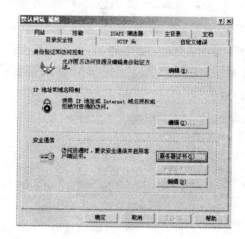

图 3.195　服务器证书

选择"处理挂起的请求并安装证书"单选按钮,单击"下一步"按钮,如图 3.196 所示。

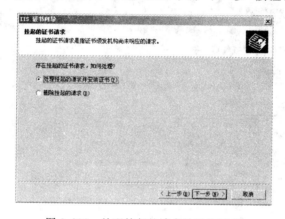

图 3.196　处理挂起的请求并安装证书

单击"浏览"按钮,选择刚下载到的证书,单击"下一步"按钮,如图 3.197 所示。

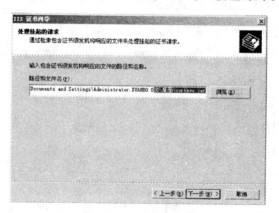

图 3.197　处理挂起的请求

选择 SSL 端口,单击"下一步"按钮,如图 3.198 所示。

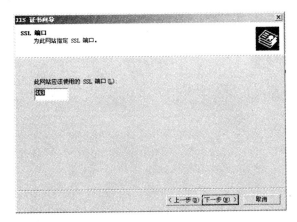

图 3.198　选择 SSL 端口

显示证书摘要信息,单击"下一步"按钮,完成配置,如图 3.199 所示。

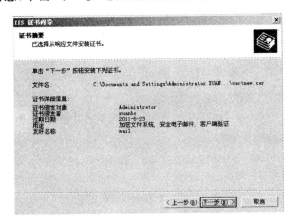

图 3.199　显示证书摘要信息

　　证书申请完成之后,需要配置 Exchange 服务器,单击"开始"→"Exchange 系统管理器"→"服务器"→"协议"→HTTP→右击"Exchange 虚拟服务器"→"属性",如图 3.200 所示。

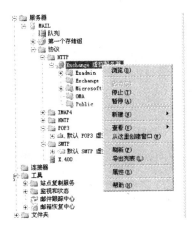

图 3.200　Exchange 虚拟服务器属性

在"Exchange 虚拟服务器属性"的"设置"选项卡中勾选"启用基于表单的身份验证",单击"应用"按钮,如图 3.201 所示。

图 3.201　启用基于表单的身份验证

这时会提示重新启动 IIS 服务,单击"确定"按钮,如图 3.202 所示。

图 3.202　重新启动 IIS 服务

单击"开始"→"管理工具"→"服务",如图 3.203 所示。
右击 IIS Admin Service→"重新启动",如图 3.204 所示。

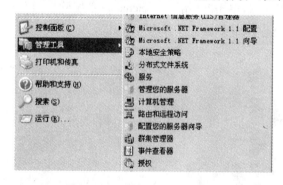

图 3.203　"管理工具"→"服务"

图 3.204　重新启动 IIS Admin Service

这时会弹出重新启动服务提示,单击"是"按钮,如图 3.205 所示。

服务重启完成后,打开 IE 浏览器,在 IE 浏览器中输入 https://mail. xuanbo. com/exchange,这时会弹出"安全警报"对话框,单击"是"按钮,如图 3.206 所示。

图 3.205 重新启动服务提示

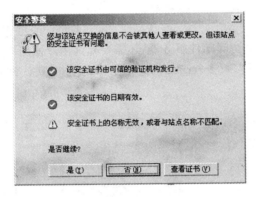

图 3.206 安全警报

输入用户名和口令,单击"登录"按钮,如图 3.207 所示。

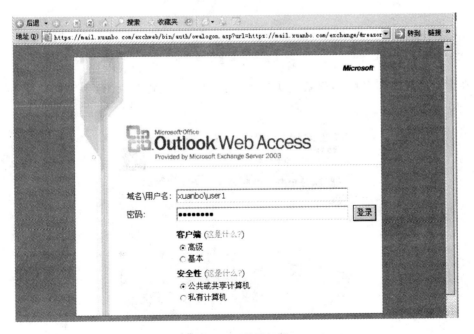

图 3.207 登录邮箱

这样用户就可通过 SSL 安全访问邮件服务器了，如图 3.208 所示。

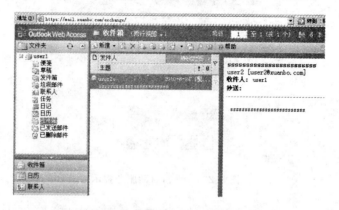

图 3.208　用户安全访问邮件服务器

通过使用 OWA 安全访问邮件服务器，还需要允许用户使用 OWA 来修改自己的口令，单击"开始"→"管理工具"→"Internet 信息服务"→右击"默认站点"→"新建"→"虚拟目录"，如图 3.209 所示。

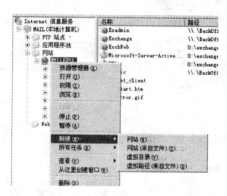

图 3.209　新建虚拟目录

在虚拟目录的别名中必须输入大写的"IISADMPWD"名称，单击"下一步"按钮，如图 3.210 所示。

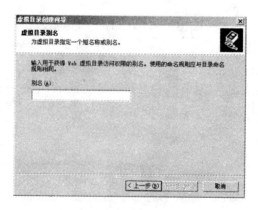

图 3.210　虚拟目录别名

输入网站内容目录,单击"下一步"按钮,如图3.211所示。

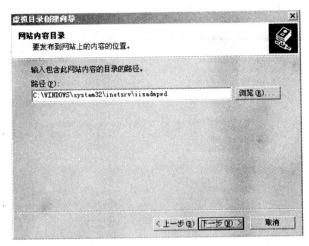

图3.211　输入网站内容目录

在虚拟目录访问权限中勾选"读取"和"运行脚本"复选框,单击"下一步"按钮,完成虚拟目录的创建,如图3.212所示。

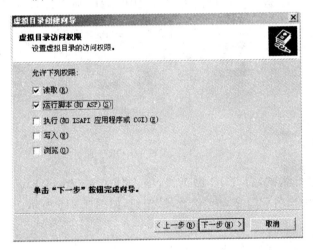

图3.212　完成虚拟目录的创建

修改注册表键值,单击"开始"→"运行"→输入"regedit",单击"确定"按钮,如图3.213所示。

图3.213　运行 regedit

查找 HKEY _ LOCAL _ MACHINE → SYSTEM → CurrentControlSet → Services → MSEchangeWEB→OWA,如图 3.214 所示。

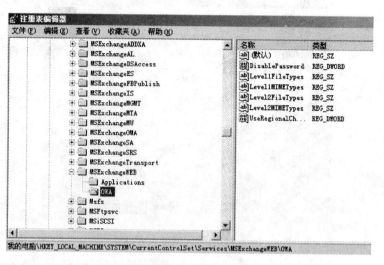

图 3.214　选择 OWA

将 DisablePassword 数值数据修改为"0",如图 3.215 所示。

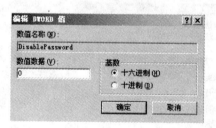

图 3.215　编辑 DWORD 值

配置完成后,进行测试,打开 IE 浏览器,输入"https://mail. xuanbo. com/exchange",在认证窗口中输入用户名和口令,单击"登录"按钮,如图 3.216 所示。

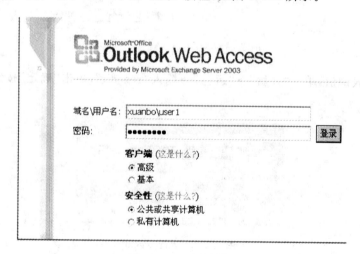

图 3.216　登录邮箱

在左边栏中单击"选项",在右边框中单击"更改密码"按钮,如图 3.217 所示。

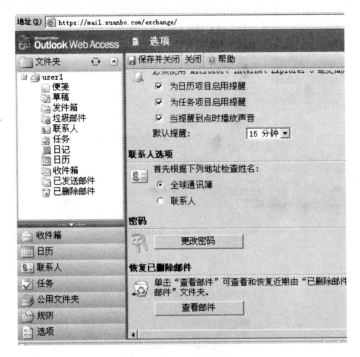

图 3.217　更改密码

在 Internet 服务管理器中输入域、用户名、口令和新口令,单击"确定"按钮,如图 3.218 所示。

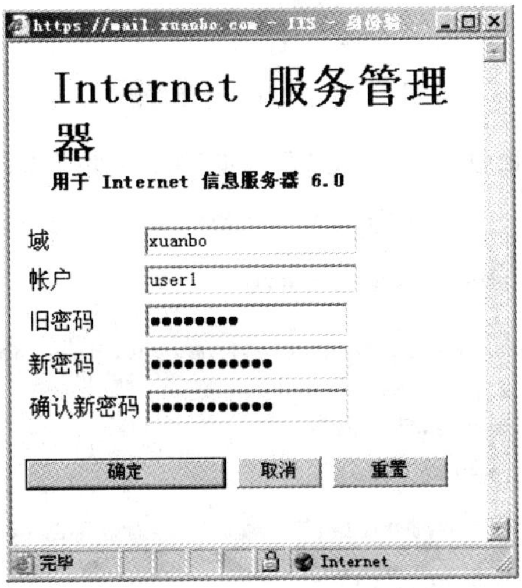

图 3.218　修改密码

这时会提示"密码修改成功",如图 3.219 所示。

配置完 OWA 之后,需要配置邮件服务器,允许与互联网用户进行邮件通信,单击"开始"→"Exchange 系统管理器"→右击 network→"Internet 邮件向导",如图 3.220 所示。

项目实施

122

图 3.219　密码修改成功

图 3.220　Internet 邮件向导

在选择服务器中选择此服务器，单击"下一步"按钮，如图 3.221 所示。

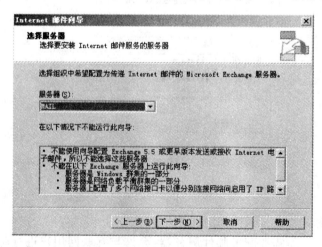

图 3.221　选择服务器

Internet 邮件向导执行配置，单击"下一步"按钮，如图 3.222 所示。

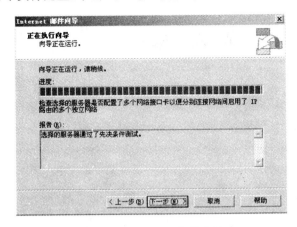

图 3.222　Internet 邮件向导

选择"接收 Internet 电子邮件"和"发送 Internet 电子邮件"复选框，单击"下一步"按钮，如图 3.223 所示。

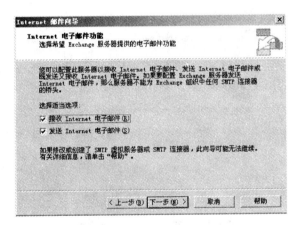

图 3.223　接收和发送 Internet 电子邮件

添加入站邮件的 SMTP 域，单击"下一步"按钮，如图 3.224 所示。

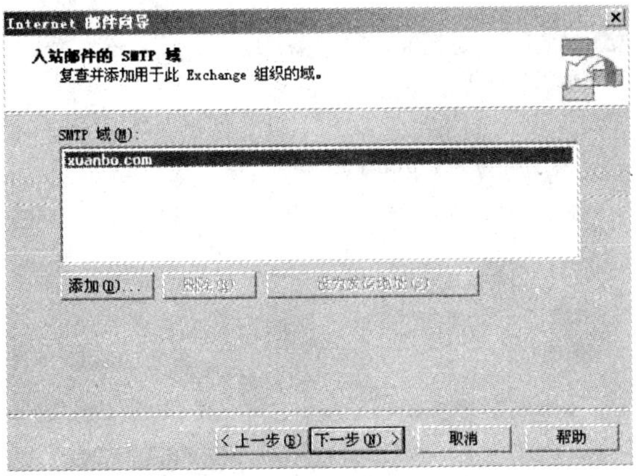

图 3.224　添加入站邮件的 SMTP 域

选择出站桥头服务器,单击"下一步"按钮,如图 3.225 所示。

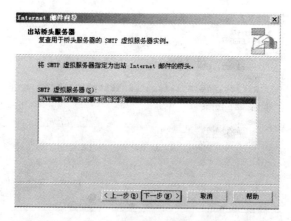

图 3.225　选择出站桥头服务器

选中"使用域名系统发送邮件"单选按钮并在"配置的 DNS 服务器可以解析 Internet 域地址吗?"下选择"是"单选按钮,单击"下一步"按钮,如图 3.226 所示。

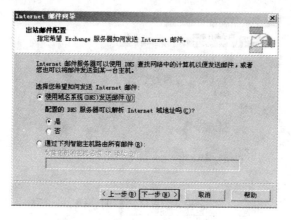

图 3.226　使用域名系统发送邮件

在"出站 SMTP 域限制"中选择"允许传递到所有电子邮件域",单击"下一步"按钮,如图 3.227 所示。

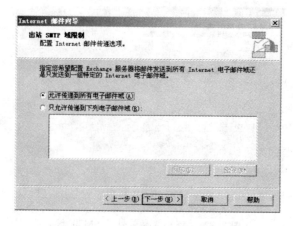

图 3.227　允许传递到所有电子邮件域

连续单击"下一步"按钮完成配置,配置完成后,在连接器中会看到系统创建了一个连接器,如图 3.228 所示。

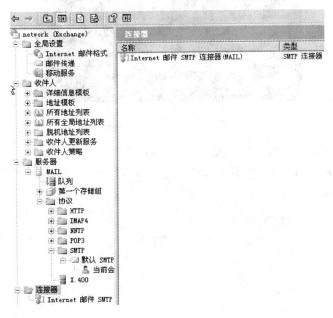

图 3.228　完成连接器创建

4. 数据库服务器部署

本项目需要两台数据库服务器,需要安装 Windows Server 2003 R2 版本。根据网络高可用性的需要,需要对数据库服务器进行集群服务的配置,保证数据库服务器的高可用性。

(1) 网络基本配置

第一台服务器名称为 sql1. xuanbo. com,将此服务器加入到 xuanbo. com 域中。此服务器需要使用双网卡,一块网卡提供网络服务,另一块网卡来做集群服务的心跳线,并将两块网络连接配置 IP 地址,如图 3.229 所示。

```
IP Address. . . . . . . . . . . : 10.0.8.11
Subnet Mask . . . . . . . . . : 255.255.255.0
Default Gateway . . . . . . . : 10.0.8.1

Ethernet adapter 本地连接 2:

Connection-specific DNS Suffix  . :
IP Address. . . . . . . . . . . : 8.8.8.9
Subnet Mask . . . . . . . . . : 255.255.255.252
Default Gateway . . . . . . . :
```

图 3.229　配置本地连接

另外一台数据库服务器的名称为 sql2. xuanbo. com,将此服务器加入到 xuanbo. com 域中。此服务器需要使用双网卡,一块网卡提供网络服务,另一块网卡来做集群服务的心跳线,并将两块网络连接配置 IP 地址,如图 3.230 所示。

完成两台数据库服务器的网络基本配置后,需要使用 ping 命令进行连通性的测试。

(2) 挂载新磁盘

使用 IP SAN 的技术挂载存储服务器为其提供的网络硬盘。首先在服务器上安装

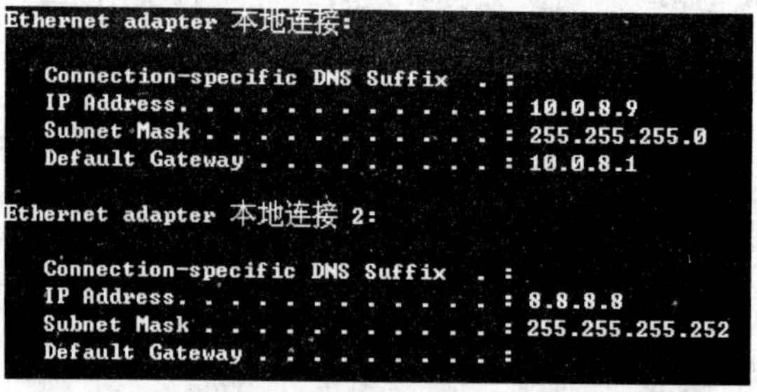

Ethernet adapter 本地连接:
Connection-specific DNS Suffix . :
IP Address. . . . . : 10.0.8.9
Subnet Mask . . . . : 255.255.255.0
Default Gateway . . . . : 10.0.8.1
Ethernet adapter 本地连接 2:
Connection-specific DNS Suffix . :
IP Address. . . . . : 8.8.8.8
Subnet Mask . . . . : 255.255.255.252
Default Gateway . . . . :

图 3.230　配置本地连接

Microsoft iSCSI Initiator 软件,安装完成后,挂载硬盘。

双击桌面上的 Microsoft iSCSI Initiator 图标,单击"iSCSI Initiator 属性"→Discovery→Add,如图 3.231 所示。

iSCSI Initiator 属性
Persistent Targets
Bound Volumes/Devices
General
Discovery
Targets
Target Portals
Address
Port
Adapter
IP Address
Add
Remove
Refresh
iSNS Servers
Name
Add
Remove
Refresh
确定
取消
应用(A)

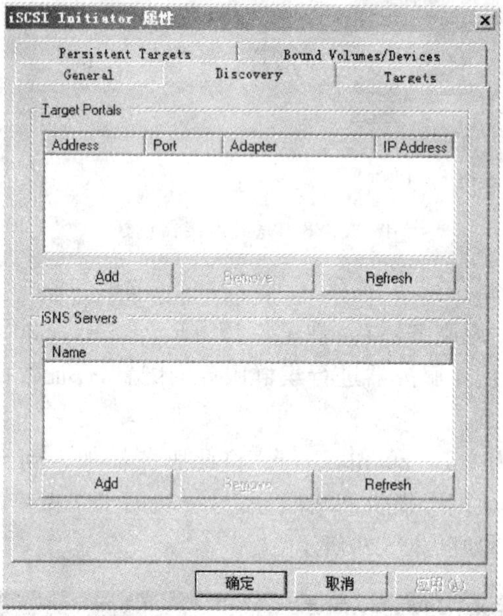

图 3.231　Discovery→Add

在 Add Target Portal 中输入存储服务器的 IP 地址和端口号,如图 3.232 所示。

Add Target Portal
Type the IP address or DNS name and socket number of the portal you want to add. Click Advanced to select specific settings for the discovery session to the portal.
IP address or DNS name:
Port:
10.0.8.17
3260
Advanced...
OK
Cancel

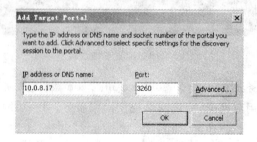

图 3.232　输入 IP 地址和端口号

单击"iSCSI Initiator 属性"→Targets→Log On,如图 3.233 所示。

单击 Log On to Target 中的 Advanced 选项,如图 3.234 所示。

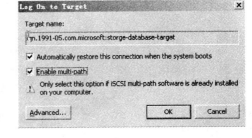

图 3.233　Targets→Log On　　　　　　图 3.234　Log On to Target→Advanced

选择 Advanced Settings 对话框中的 CHAP login information 复选框,输入用户名 db 和口令 0123456789abc,如图 3.235 所示。

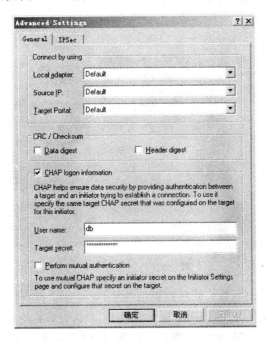

图 3.235　Advanced Settings 对话框

单击"确定"按钮,配置完成后,系统自动连接到网络磁盘,如图 3.236 所示。

128

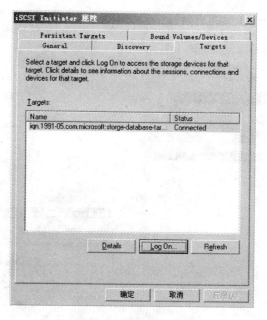

图 3.236　网络磁盘连接

　　网络磁盘挂载后，需要对磁盘进行初始化，单击"开始"→"管理工具"→"计算机管理"，如图 3.237 所示。

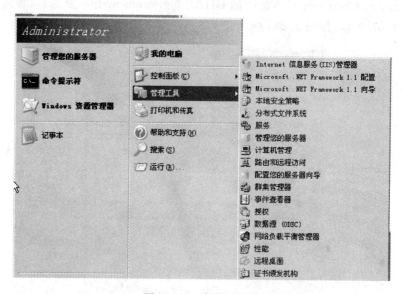

图 3.237　计算机管理

　　打开计算管理器后，则会看到新挂载到的磁盘，对新硬盘进行初始化，并进行分区，将其盘符分别指定为 O 盘和 P 盘，O 盘用来做仲裁硬盘，P 盘做数据库硬盘，如图 3.238 所示。

　　另一台服务器也采用同样的方式进行挂载硬盘，但不需进行分区和格式化，只需将其盘符修改成指定盘符就可以了，在这里不做重复说明。

　　（3）配置集群服务

　　在配置群集服务前，首先需要关闭第二台数据库服务器。在第一台数据服务器上启动群集管理器，单击“开始”→“管理工具”→“群集管理器”→“创建新群集”，如图 3.239 所示。

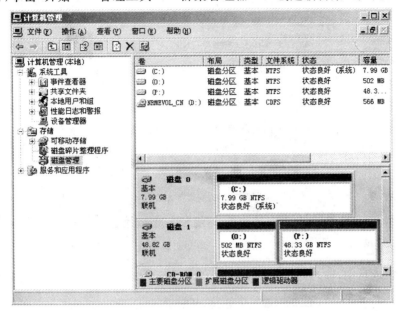

图 3.238　新硬盘初始化分区

图 3.239　创建新群集

弹出“新建服务器群集向导”，单击“下一步”按钮，如图 3.240 所示。

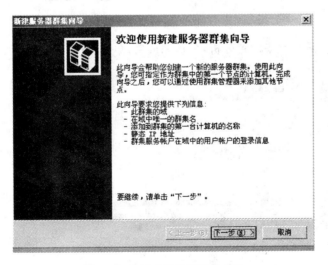

图 3.240　新建服务器群集向导

在"新建服务器群集向导"中输入域和群集名,单击"下一步"按钮,如图 3.241 所示。

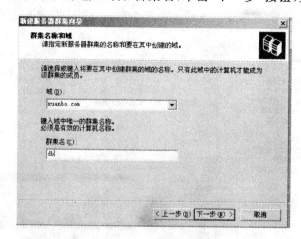

图 3.241　群集名称和域

在计算机成员中,输入此计算机的名称,单击"下一步"按钮,如图 3.242 所示。

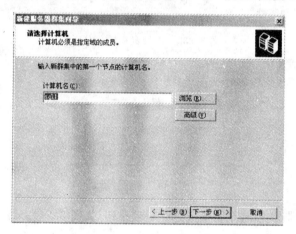

图 3.242　选择计算机

这时群集服务进行群集配置分析,分析完成后,单击"下一步"按钮,如图 3.243 所示。

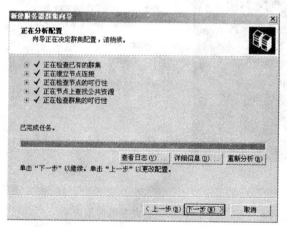

图 3.243　群集配置分析

在 IP 地址中输入群集服务器的虚拟地址,单击"下一步"按钮,如图 3.244 所示。

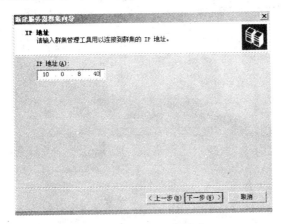

图 3.244　群集服务器虚拟地址

在群集服务账户中输入管理员的用户名和口令,单击"下一步"按钮,如图 3.245 所示。

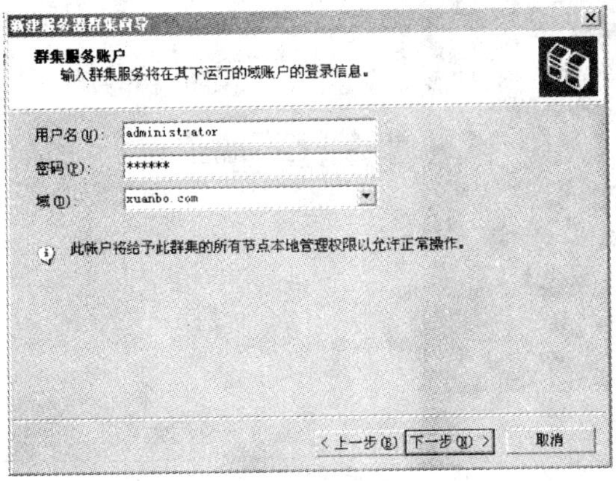

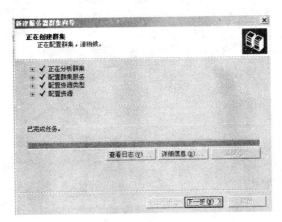

图 3.245　群集服务账户

群集管理器对集群进行分析和配置,并创建集群,单击"下一步"按钮,配置完成,如图 3.246 所示。

图 3.246　完成集群创建

配置完成第一台群集服务器后,需要启动第二台数据库服务器,在第一台数据库服务器上,打开群集管理器,在"群集管理器"服务器上右击"新建"→"节点",如图 3.247 所示。

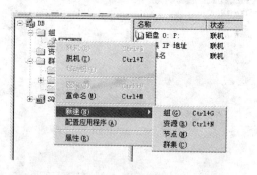

图 3.247　新建节点

弹出"添加节点向导",单击"下一步"按钮,如图 3.248 所示。

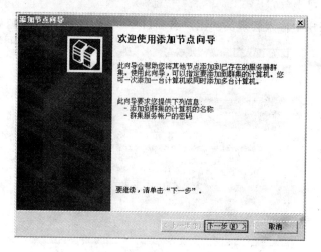

图 3.248　添加节点向导

在"添加节点向导"对话框中输入节点计算机的名称,单击"下一步"按钮,如图 3.249 所示。

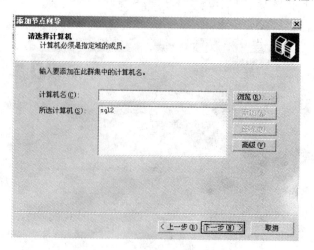

图 3.249　节点计算机名称

节点向导分析集群配置,单击"下一步"按钮,如图 3.250 所示。

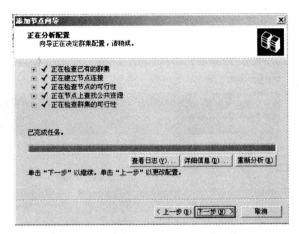

图 3.250　分析群集配置

在群集服务账户中输入管理员的口令,单击"下一步"按钮,如图 3.251 所示。

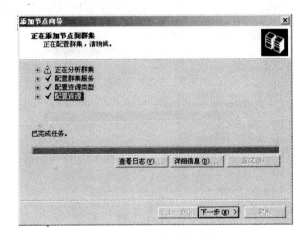

图 3.251　输入管理员口令

群集服务对节点进行群集配置,单击"下一步"按钮,完成新节点的加入,如图 3.252 所示。

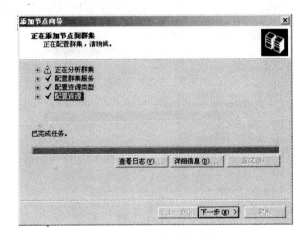

图 3.252　完成新节点的加入

　　配置完成基本的集群服务之后,需要在两台服务器上安装分布式事务协调器,在服务器中单击"开始"→"控制面板"→"添加或删除程序"→"添加/删除 Windows 组件",如图 3.253 所示。

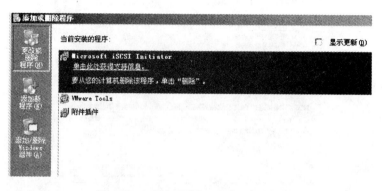

图 3.253　添加/删除 Windows 组件

在"Windows 组件向导"中选择"应用程序服务器",如图 3.254 所示。

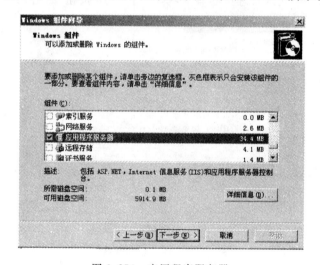

图 3.254　应用程序服务器

单击"应用程序服务器"→"详细信息"→"启用网络 DTC 访问",如图 3.255 所示。

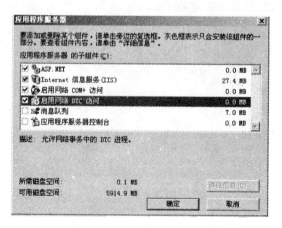

图 3.255　启用网络 DTC 访问

在两台服务器上安装 DTC 之后，需要在群集管理器中创建新的资源，右击群集管理空白处，选择"新建"→"资源"，如图 3.256 所示。

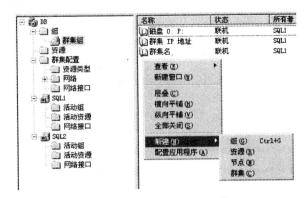

图 3.256　新建资源

创建资源，输入资源名称、资源类型和组，单击"下一步"按钮，如图 3.257 所示。

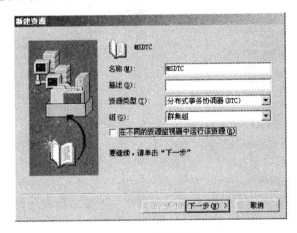

图 3.257　资源类型

输入 MSDTC 的所有者，单击"下一步"按钮，如图 3.258 所示。

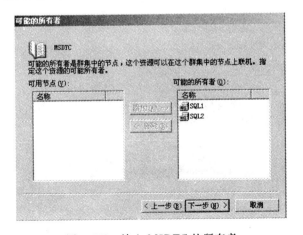

图 3.258　输入 MSDTC 的所有者

选择依存关系时,需要将所有资源都选择,如图 3.259 所示。

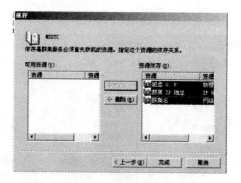

图 3.259　选择依存关系

单击"完成"按钮,完成配置,图 3.260 所示为配置完成的集群管理状态。

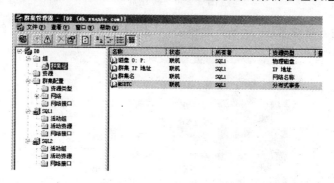

图 3.260　集群管理状态

（4）安装配置数据库服务

在安装数据库时,需要注意只需要在一台服务器上安装数据库,另外一台服务器不需要安装,因为集群服务会自动进行同步。

将 Microsoft SQL Server 2005 光盘放入光驱,单击安装,单击"下一步"按钮,如图 3.261 所示。

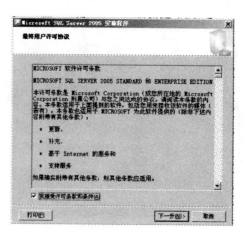

图 3.261　安装 Microsoft SQL Server 2005

安装数据库必要的组件,单击"下一步"按钮,如图 3.262 所示。

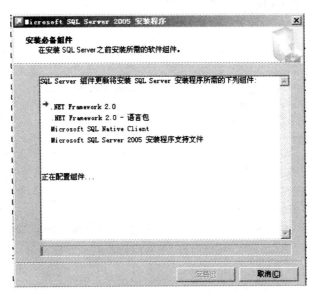

图 3.262 安装数据库必要的组件

在弹出的安装向导中单击"下一步"按钮,如图 3.263 所示。

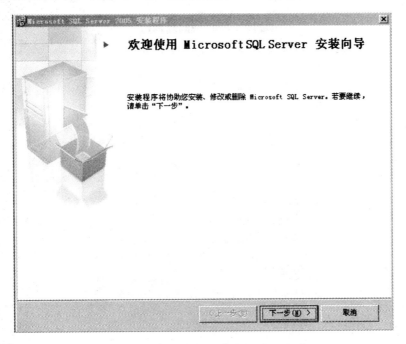

图 3.263 安装向导

系统进行配置检查,单击"下一步"按钮,如图 3.264 所示。
数据库进行安装,单击"下一步"按钮,如图 3.265 所示。
输入注册信息和公司名称,单击"下一步"按钮,如图 3.266 所示。

第 3 章

项目实施

图 3.264　系统配置检查

图 3.265　安装数据库

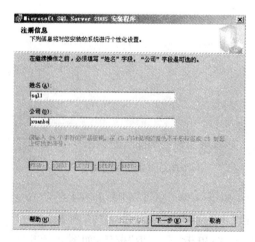

图 3.266　输入注册信息

选择需要安装的组件,单击"下一步"按钮,如图 3.267 所示。

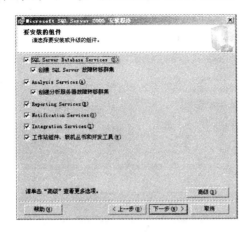

图 3.267　安装组件

选择实例,本项目采用"默认实例"就可以,单击"下一步"按钮,如图 3.268 所示。

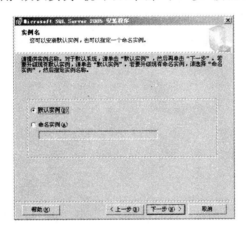

图 3.268　选择实例

输入虚拟服务器名称,单击"下一步"按钮,如图 3.269 所示。

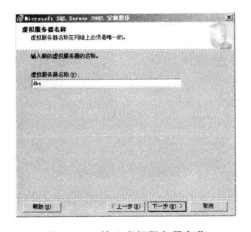

图 3.269　输入虚拟服务器名称

输入虚拟服务器配置,单击"下一步"按钮,如图 3.270 所示。

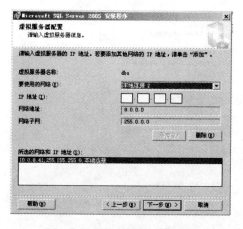

图 3.270　输入虚拟服务器配置

选择群集组,单击"下一步"按钮,如图 3.271 所示。

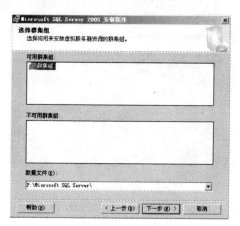

图 3.271　选择群集组

选择集群的节点,单击"下一步"按钮,如图 3.272 所示。

图 3.272　选择集群节点

输入远程账户的口令,单击"下一步"按钮,如图 3.273 所示。

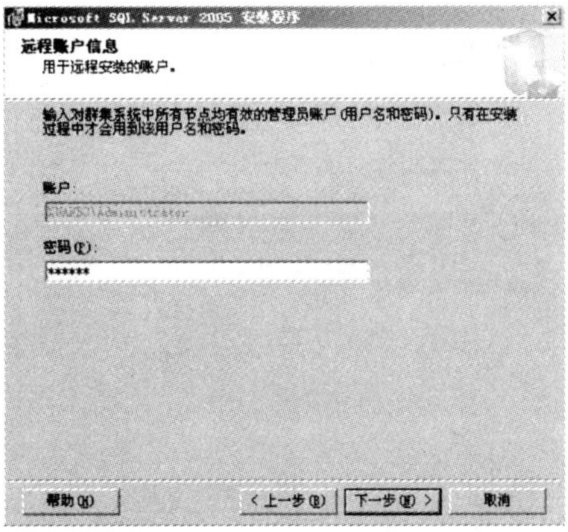

图 3.273　输入远程账户信息

输入服务账户名称和口令,单击"下一步"按钮,如图 3.274 所示。

图 3.274　输入服务账户名称和口令

输入群集服务的域组,单击"下一步"按钮,如图 3.275 所示。

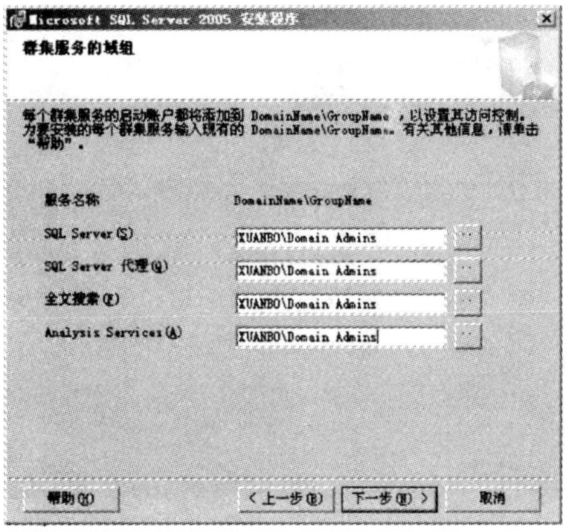

图 3.275　输入群集服务的域组

第
3
章

项目实施

身份验证模式采用"Windows 身份验证模式",单击"下一步"按钮,如图 3.276 所示。

图 3.276　身份验证模式

以下三步采用默认配置,单击"安装"按钮,如图 3.277 所示。

图 3.277　安装数据库

数据库配置所选组件,安装提供放入第 2 张光盘,如图 3.278 所示。

图 3.278　数据库配置所选组件

安装程序进行组件配置,单击"下一步"按钮,如图 3.279 所示。

图 3.279　安装程序组件配置

单击"完成"按钮,数据库服务安装完成,如图 3.280 所示。

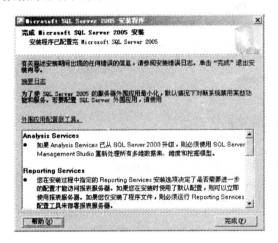

图 3.280　数据库服务安装完成

打开群集管理器,查看数据库群集服务安装状态,如图 3.281 所示。

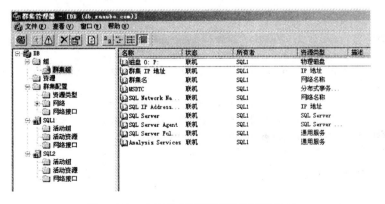

图 3.281　查看数据库群集服务安装状态

5. FTP 服务器部署

本项目需要一台 FTP 服务器,需要安装 RedHat Linux ES 5.0 版本并配置网络连接,配置完成后,可以使用下面的命令进行查看:

```
[root@ftp ~]# ifconfig
eth0    Link encap:Ethernet   HWaddr 00:0C:29:F5:E2:E5
        inet addr:10.0.8.13   Bcast:10.0.8.255   Mask:255.255.255.0
        inet6 addr: fe80::20c:29ff:fef5:e2e5/64 Scope:Link
        UP BROADCAST RUNNING MULTICASTMTU:1500   Metric:1
        RX packets:6033 errors:0 dropped:0 overruns:0 frame:0
        TX packets:148 errors:0 dropped:0 overruns:0 carrier:0
        collisions:0 txqueuelen:1000
        RX bytes:536332 (523.7 KiB)   TX bytes:15506 (15.1 KiB)
        Interrupt:185 Base address:0x2000
```

修改计算机名称:

```
[root@ftp ~]# vi /etc/sysconfig/network
HOSTNAME = ftp.xuanbo.com
[root@ftp ~]# vi /etc/hosts
10.0.8.13        ftp.xuanbo.com
```

计算机名称使用下面的命令进行查看:

```
[root@ftp ~]# hostname
ftp.xuanbo.com
```

使用 ping 命令测试网络的连通性:

```
[root@ftp ~]# ping 10.0.8.17
PING 10.0.8.17 (10.0.8.17) 56(84) bytes of data.
64 bytes from 10.0.8.17: icmp_seq = 0 ttl = 128 time = 0.688 ms
64 bytes from 10.0.8.17: icmp_seq = 1 ttl = 128 time = 0.276 ms

--- 10.0.8.17 ping statistics ---
2 packets transmitted, 2 received, 0 % packet loss, time 1001ms
rtt min/avg/max/mdev = 0.276/0.482/0.688/0.206 ms, pipe 2
```

首先需要挂载网络硬盘,需要安装 iSCSI 软件,使用下面的命令查看是否安装:

```
[root@ftp ~]# rpm - qa |grep iscsi
[root@ftp ~]# rpm - ivh /media/CDROM/Server/iscsi - initiator - utils - 6.2.0.742 - 0.5.el5.i386.rpm
warning:/media/CDROM/Server/iscsi - initiator - utils - 6.2.0.742 - 0.5.el5.i386.rpm: Header
V3 DSA signature: NOKEY, key ID 37017186
Preparing...    ################################### [100 %]
   1:iscsi - initiator - utils################################### [100 %]
[root@ftp ~]# rpm - qa |grep iscsi
iscsi - initiator - utils - 6.2.0.742 - 0.5.el5
```

修改 CHAP 配置文件/etc/iscsi/iscsid.conf:

```
node.session.auth.username = ftp
```

node. session. auth. password = 0123456789abc

使用下面的命令启动 iSCSI 服务：

```
[root@ftp ~]# /etc/init.d/iscsi start
iscsid is stopped
Turning off network shutdown. Starting iSCSI daemon:        [   OK   ]
                                                            [   OK   ]
Setting up iSCSI targets:                                   [   OK   ]
```

开始探测存储：

```
[root@ftp ~]# iscsiadm -m discovery -t sendtargets -p 10.0.8.17:3260
10.0.8.9:3260,1 iqn.1991-05.com.microsoft:1-lp8i7dbotgdjw-ftp-target
```

将探测到的存储挂载到本地：

```
[root@ftp ~]# iscsiadm -m node -T iqn.1991-05.com.microsoft:1 -lp8i7dbotgdjw-ftp-
target -p 10.0.8.17:3260 -l
Logging in to [iface: default, target:
iqn.2006-01.com.openfiler:tsn.af7b14fe4761, portal: 10.0.8.17,3260]
Login to [iface: default, target:
iqn.2006-01.com.openfiler:tsn.af7b14fe4761,portal:10.0.8.17,3260]:successful
```

可以使用下面的命令查看磁盘具体信息：

```
[root@ftp ~]# fdisk -l

Disk /dev/sda: 8589 MB, 8589934592 bytes
255 heads, 63 sectors/track, 1044 cylinders
Units = cylinders of 16065 * 512 = 8225280 bytes

   Device Boot      Start         End      Blocks   Id  System
/dev/sda1   *           1          13      104391   83  Linux
/dev/sda2              14        1044     8281507+   8e  Linux LVM

Disk /dev/sdb: 52.4 GB, 52428800000 bytes
64 heads, 32 sectors/track, 50000 cylinders
Units = cylinders of 2048 * 512 = 1048576 bytes

Disk /dev/sdb doesn't contain a valid partition table
```

使用下面的命令启用在运行级别 3 和 5 下自动运行 iSCSI 服务：

```
[root@ftp ~]# chkconfig iscsi on
[root@ftp ~]# chkconfig --list |grep iscsi
iscsi      0:off   1:off   2:on    3:on    4:on    5:on    6:off
iscsid     0:off   1:off   2:off   3:on    4:on    5:on    6:off
```

已经挂载成功,使用下面的命令对磁盘进行分区：

```
[root@ftp ~]# fdisk /dev/sdb
Device contains neither a valid DOS partition table, nor Sun, SGI or OSF disklabel
Building a new DOS disklabel. Changes will remain in memory only,
```

until you decide to write them. After that, of course, the previous
content won't be recoverable.

The number of cylinders for this disk is set to 50000.
There is nothing wrong with that, but this is larger than 1024,
and could in certain setups cause problems with:
1) software that runs at boot time (e. g., old versions of LILO)
2) booting and partitioning software from other OSs
    (e. g., DOS FDISK, OS/2 FDISK)
Warning: invalid flag 0x0000 of partition table 4 will be corrected by w(rite)
Command (m for help): **n**
Command action
   e   extended
   p   primary partition (1 – 4)
p
Partition number (1 – 4): **1**
First cylinder (1 – 50000, default 1):
Using default value 1
Last cylinder or + size or + sizeM or + sizeK (1 – 50000, default 50000):
Using default value 50000
Command (m for help): **p**

Disk /dev/sdb: 52. 4 GB, 52428800000 bytes
64 heads, 32 sectors/track, 50000 cylinders
Units = cylinders of 2048 ∗ 512 = 1048576 bytes

Device Boot	Start	End	Blocks	Id	System
/dev/sdb1	1	50000	51199984	83	Linux

Command (m for help): **w**
The partition table has been altered!

Calling ioctl() to re – read partition table.
Syncing disks.

使用下面的命令对分区进行格式化：

[**root@ftp ~**]# **mkfs. ext3 /dev/sdb1**
mke2fs 1. 35 (28 – Feb – 2004)
Filesystem label =
OS type: Linux
Block size = 4096 (log = 2)
Fragment size = 4096 (log = 2)
6406144 inodes, 12799996 blocks
639999 blocks (5. 00 %) reserved for the super user
First data block = 0
Maximum filesystem blocks = 16777216
391 block groups
32768 blocks per group, 32768 fragments per group
16384 inodes per group

```
Superblock backups stored on blocks:
        32768, 98304, 163840, 229376, 294912, 819200, 884736, 1605632, 2654208,
        4096000, 7962624, 11239424

Writing inode tables: done
Creating journal (8192 blocks): done
Writing superblocks and filesystem accounting information: done

This filesystem will be automatically checked every 34 mounts or
180 days, whichever comes first.   Use tune2fs - c or - i to override.
```

安装 VSFTPD 软件：

```
[root@ftp ~]# rpm - ivh /media/CDROM/Server/vsftpd - 2.0.5 - 10.el5
.i386.rpm
warning: /media/CDROM/Server/ vsftpd - 2. 0. 5 - 10. el5. i386. rpm: Header V3 DSA signature:
NOKEY, key ID 37017186
Preparing...  ############################################ [100%]
    1: vsftpd  ########################################### [100%]
```

配置 VSFTP 账户信息，使用编辑器创建：

```
[root@ftp ~]# vi logins.txt
Mike
123456
Jack
123456
```

安装 DB 软件：

```
[root@ftp~]# rpm - ivh /media/CDROM/Server/db4 - 4.3.29 - 9.fc6.i386.rpm
warning: /media/CDROM/Server/db4 - 4.3.29 - 9. fc6. i386. rpm: Header V3 DSA signature: NOKEY,
key ID 37017186
Preparing...  ############################################ [100%]
    package db4 - 4.3.29 - 9.fc6 is already installed
[root@ftp~]# rpm - ivh /media/CDROM/Server/db4 - devel - 4.3.29 - fc6.i386.rpm
warning: /media/CDROM/Server/db4 - devel - 4.3.29 - 9. fc6. i386. rpm: Header V3 DSA signature:
NOKEY, key ID 37017186
Preparing...    ########################################### [100%]
    1:db4 - devel  ########################################## [100%]
[root@ftp~]# rpm - ivh /media/CDROM/Server/db4 - utils - 4.3.29 - 9.fc6.i386.rpm
warning: /media/CDROM/Server/db4 - utils - 4.3.29 - 9. fc6. i386. rpm: Header V3 DSA signature:
NOKEY, key ID 37017186
Preparing...  ############################################## [100%]
    1:db4 - utils ############################################## [100%]
```

使用 db_load 命令生成虚拟用户库文件，如下所示：

```
[root@ftp ~]# db_load - T - t hash - f logins.txt /etc/vsftpd_login.db
```

修改库文件口令，如下所示：

```
[root@ftp ~]# chmod 600 /etc/vsftpd_login.db
```

创建 VSFTP 的 PAM 验证文件，如下所示：

```
[root@ftp ~]# vi /etc/pam.d/vsftpd.vu
auth required /lib/security/pam_userdb.so db = /etc/vsftpd_login
account required /lib/security/pam_userdb.so db = /etc/vsftpd/vsftpd_login
```

创建虚拟用户，并为用户指定目录，如下所示：

```
[root@ftp ~]# useradd - d /home/ftpsite virtual
[root@ftp ~]# chmod 704 /home/ftpsite/
```

将虚拟用户目录挂载到网络磁盘，如下所示：

```
[root@ftp ~]# mount  /dev/sdb1 /home/ftpsite/
[root@ftp ~]# df
Filesystem       1K - blocks   Used      Available   Use %   Mounted on
/dev/sda2        4396056    2174948   1994192    53 %    /
/dev/sda1        295561     14789     265512     6 %     /boot
tmpfs            192780     0         192780     0 %     /dev/shm
/dev/hda         2806992    2806992   0   100 %   /media/CDROM
/dev/sdb1        50395828   86080     47749752   1 %  /home/ftpsite
```

修改配置文件，将磁盘静态挂载，如下所示：

```
[root@ftp ~]# vi /etc/fstab
# This file is edited by fstab - sync - see 'man fstab - sync' for details
/dev/VolGroup00/LogVol00 /    ext3     defaults        1 1
LABEL = /boot   /boot        ext3     defaults        1 2
none          /dev/pts       devpts   gid = 5, mode = 620   0 0
none          /dev/shm       tmpfs    defaults       0 0
none          /proc          proc     defaults       0 0
none          /sys           sysfs    defaults       0 0
/dev/VolGroup00/LogVol01 swap    swap   defaults      0 0
/dev/hdc /media/cdrom   auto   pamconsole, exec, noauto, managed 0 0
/dev/fd0   /media/floppy auto    pamconsole, exec, noauto, managed 0 0
/dev/sdb1  /home/ftpsite     auto   defaults        0 0
```

修改 VSFTP 配置文件，在配置文件最后输入下面的内容：

```
[root@ftp ~]# vi /etc/vsftpd/vsftpd.conf
guest_enable = YES
guest_username = virtual
pam_service_name = /etc/pam.d/vsftpd.vu
user_config_dir = /etc/vsftpd/users_config
```

创建用户的配置文件，如下所示：

```
[root@ftp ~]# mkdir /etc/vsftpd/users_config
[root@ftp ~]# vi /etc/vsftpd/users_config/Jack
guest_enable = YES
```

guest_username = virtual

anon_world_readable_only = NO

anon_max_rate = 100000

[root@ftp ~]# **vi /etc/vsftpd/users_config/Mike**

guest_enable = YES

guest_username = virtual

anon_world_readable_only = NO

anon_other_write_enable = YES

anon_mkdir_write_enable = YES

anon_upload_enable = YES

anon_max_rate = 300000

[root@ftp ~]# **service vsftpd restart**

Shutting down vsftpd: [OK   ]

Starting vsftpd for vsftpd: [OK   ]

关闭防火墙,测试 FTP 服务,如下所示:

[root@ftp ~]# **ftp 10.0.8.13**

Connected to 10.0.8.13.

220 (vsFTPd 2.0.1)

530 Please login with USER and PASS.

530 Please login with USER and PASS.

KERBEROS_V4 rejected as an authentication type

Name (10.0.8.13:root): **Jack**

331 Please specify the password.

Password:

230 Login successful.

Remote system type is UNIX.

Using binary mode to transfer files.

ftp> **ls**

227 Entering Passive Mode (10,0,8,13,173,64)

150 Here comes the directory listing.

- rw -------   1 500   500   24 Jun 25 03:19 abd

- rw -------   1 500   500   24 Jun 25 02:54 logins.txt

226 Directory send OK.

ftp> **put logins.txt acc**

local: logins.txt remote: acc

227 Entering Passive Mode (10,0,8,13,240,184)

550 Permission denied.

ftp> **ls**

227 Entering Passive Mode (10,0,8,13,119,155)

150 Here comes the directory listing.

- rw -------   1 500   500   24 Jun 25 03:19 abd

- rw -------   1 500   500   24 Jun 25 02:54 logins.txt

226 Directory send OK.

ftp> **bye**

221 Goodbye.

[root@lab ~]# **ftp 10.0.8.13**

Connected to 10.0.8.13

第 3 章

项目实施

```
220 (vsFTPd 2.0.1)
530 Please login with USER and PASS.
530 Please login with USER and PASS.
KERBEROS_V4 rejected as an authentication type
Name (10.0.8.13:root): Mike
331 Please specify the password.
Password:
230 Login successful.
Remote system type is UNIX.
Using binary mode to transfer files.
ftp> put logins.txt aaa
local: logins.txt remote: aaa
227 Entering Passive Mode (10,0,8,13,245,188)
150 Ok to send data.
226 File receive OK.
24 bytes sent in 0.00034 seconds (68 Kbytes/s)
ftp> ls
227 Entering Passive Mode (10,0,8,13,110,208)
150 Here comes the directory listing.
-rw-------    1 500      500          24 Jun 25 03:21 aaa
-rw-------    1 500      500          24 Jun 25 03:19 abd
-rw-------    1 500      500          24 Jun 25 02:54 logins.txt
226 Directory send OK.
ftp> bye
221 Goodbye.
```

设置 VSFTP 服务器运行级别 3 和 5 启动：

```
[root@ftp ~]# chkconfig --level 35 vsftpd on
[root@ftp ~]# chkconfig --list |grep vsftpd
vsftpd          0:off   1:off   2:off   3:on    4:off   5:on    6:off
```

6. DHCP 服务器部署

本项目需要一台 DHCP 服务器，需要安装 Windows Server 2003 R2 版本。安装完操作系统后，需要进行网络配置，如图 3.282 所示。

```
Ethernet adapter 本地连接:

   Connection-specific DNS Suffix  . :
   Description . . . . . . . . . . . : VMware Accelerated AMD PCNet Adapter
   Physical Address. . . . . . . . . : 00-0C-29-90-73-16
   DHCP Enabled. . . . . . . . . . . : No
   IP Address. . . . . . . . . . . . : 10.0.8.8
   Subnet Mask . . . . . . . . . . . : 255.255.255.0
   Default Gateway . . . . . . . . . : 10.0.8.1
   DNS Servers . . . . . . . . . . . : 10.0.8.12
```

图 3.282　本地连接配置

配置完本地连接后，需要将服务器加入到 xuanbo.com 的域中。

重启后登录到 DHCP 服务器，安装 DHCP 服务组件，单击“开始”→“控制面板”→“添加或删除程序”→“添加/删除 Windows 组件”→“网络服务”→“详细信息”，如图 3.283 所示。

选择“动态主机配置协议(DHCP)”，单击“确定”按钮，进行安装，如图 3.284 所示。

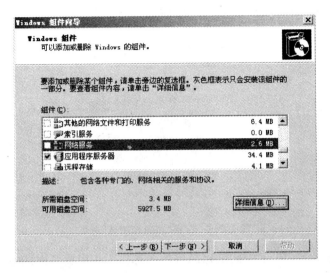

图 3.283　网络服务

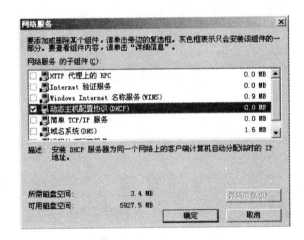

图 3.284　动态主机配置协议

安装完 DHCP 组件后,需要配置 DHCP 服务,单击"开始"→"管理工具"→DHCP,如图 3.285 所示。

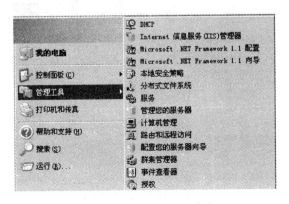

图 3.285　选择 DHCP 命令

右击 dhcp→"新建作用域",如图 3.286 所示。

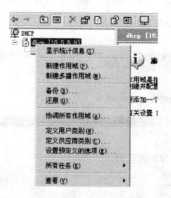

图 3.286　选择"新建作用域"命令

输入作用域名称,在项目中采用 VLAN 的名称作为作用域名称,单击"下一步"按钮,如图 3.287 所示。

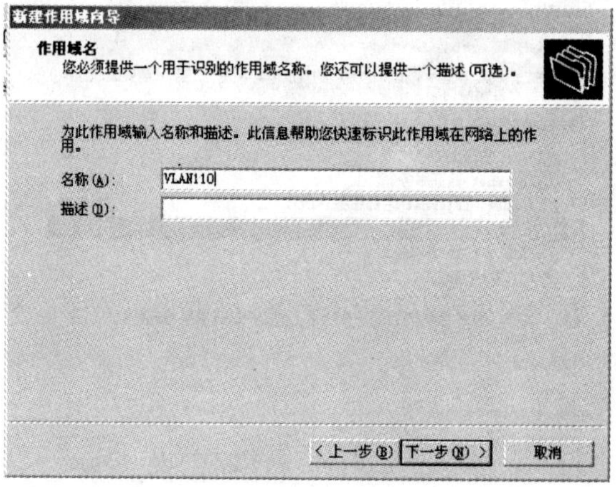

图 3.287　输入作用域名称

输入作用域分配的地址范围,单击"下一步"按钮,如图 3.288 所示。

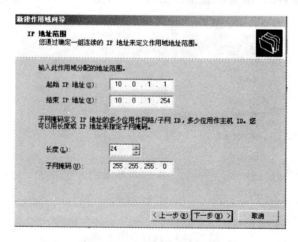

图 3.288　分配的地址范围

输入排除地址范围，单击"下一步"按钮，如图3.289所示。

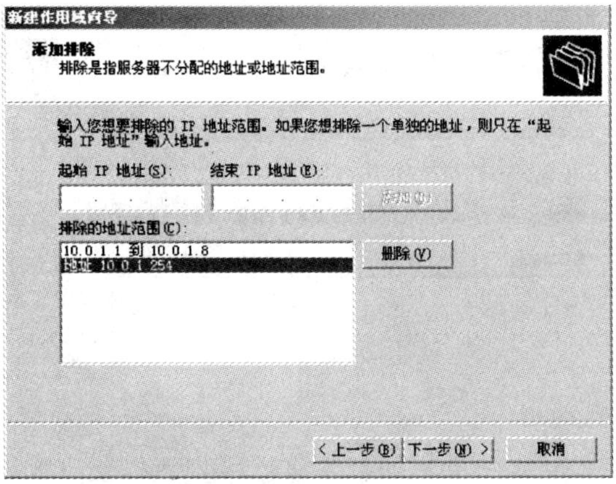

图3.289　添加排除地址

输入租约期限，单击"下一步"按钮，如图3.290所示。

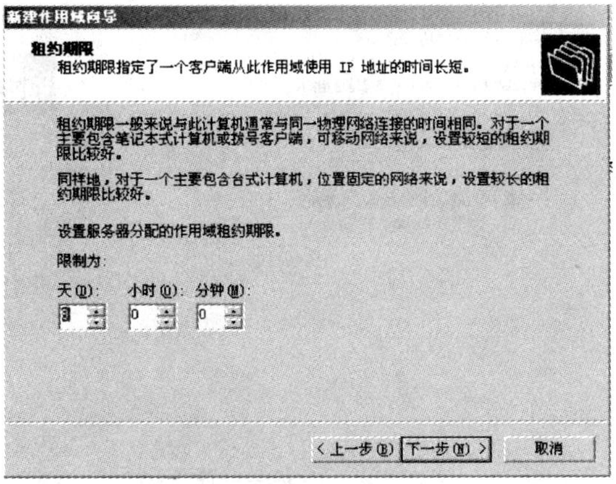

图3.290　租约期限

输入网关地址，单击"下一步"按钮，如图3.291所示。

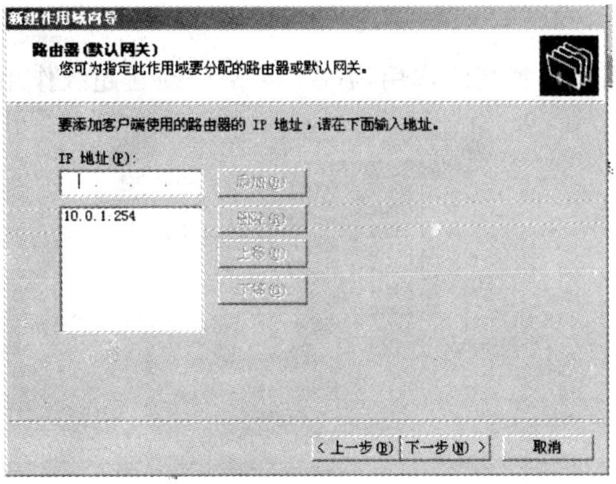

图3.291　网关地址

输入 DNS 服务器地址,单击"下一步"按钮,如图 3.292 所示。

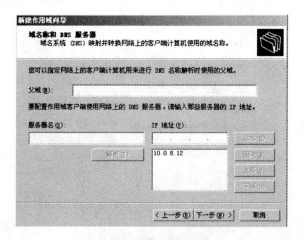

图 3.292　DNS 服务器地址

选择激活作用域,单击"下一步"按钮,完成配置,如图 3.293 所示。

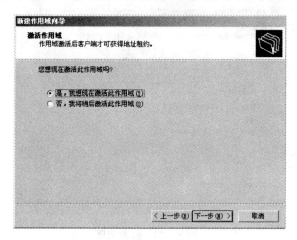

图 3.293　激活作用域

按照上面的步骤,对 VLAN120、VLAN130、VLAN140、VLAN150、VALN160 等作用域进行配置。

配置完作用域还需要配置超级作用,右击 dhcp→"新建超级作用域",如图 3.294 所示。

图 3.294　新建超级作用域

输入超级作用域名称,单击"下一步"按钮,如图3.295所示。

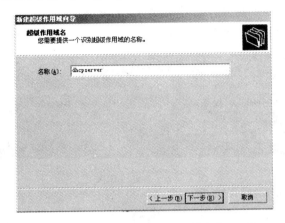

图 3.295　输入超级作用域名称

选择可用作用域,单击"下一步"按钮,如图 3.296 所示。

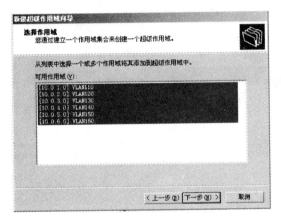

图 3.296　选择可用作用域

图 3.297 所示为配置完成的 DHCP 服务器。

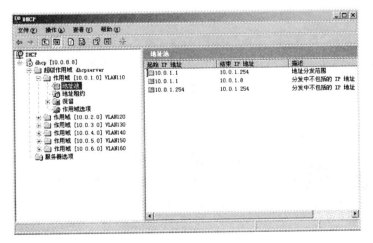

图 3.297　完成 DHCP 服务器配置

项目实施

7. 认证与网管服务器部署

本项目需要一台网络管理服务器,需要安装 Windows Server 2003 R2 版本。安装完操作系统后,需要进行网络配置,如图 3.298 所示。

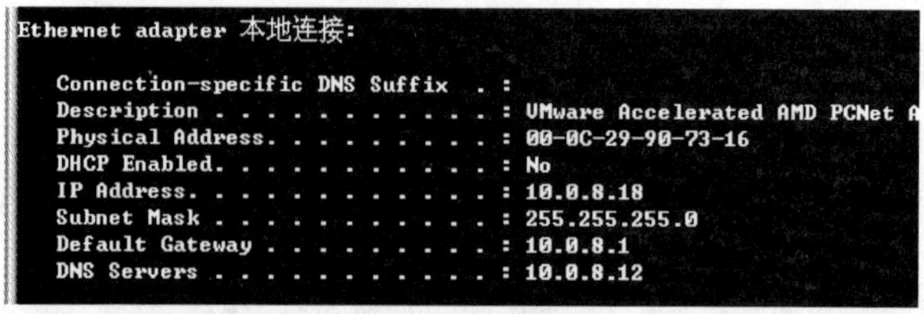

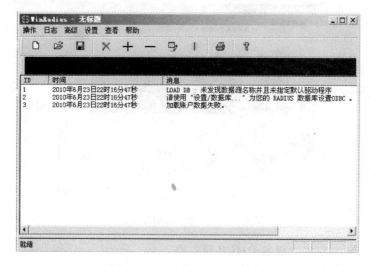

图 3.298　本地连接配置

配置完成后,将服务器加入到 xuanbo.com 域中。

（1）配置 RADIUS 服务器

本项目的 RADIUS 服务器采用的 WinRADIUS 软件为绿色版本。双击 WinRadius 图标,启动 RADIUS 服务,如图 3.299 所示。

图 3.299　启动 RADIUS 服务

在菜单栏中单击"设置"→"系统",如图 3.300 所示。

输入 NAS 密钥和认证计费端口,单击"确定"按钮,如图 3.301 所示。

图 3.300　设置系统

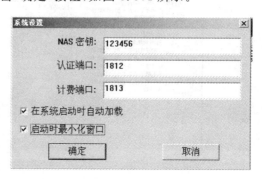

图 3.301　输入 NAS 密钥

单击菜单栏中的"操作"→"添加账号",如图 3.302 所示。

图 3.302　添加账号

输入用户名和密码,单击"确定"按钮,添加用户成功,如图 3.303 所示。

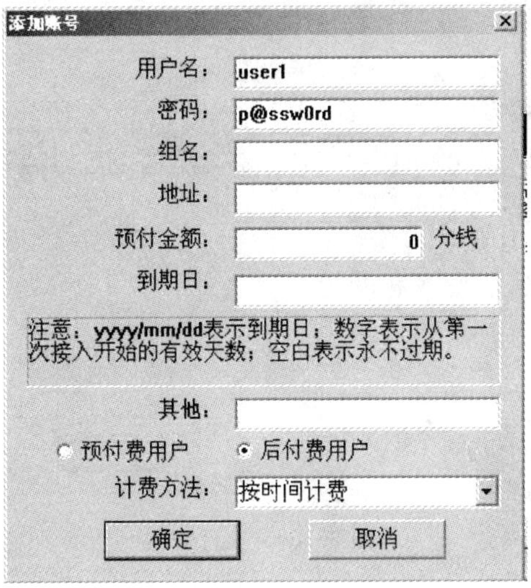

图 3.303　添加用户 user1

其他用户的添加以此类推,在这里不重复说明。配置完成后如图 3.304 所示。

图 3.304　RADIUS 配置完成

158

（2）配置网络管理服务器

本项目的网络管理软件采用MRTG（Multi Router Traffic Grapher，MRTG），需要先安装此软件，安装之前应先检查系统是否安装了IIS，如果没有安装，则应先安装IIS 6.0。

首先安装 perl 文件，单击"安装"按钮，如图3.305所示。

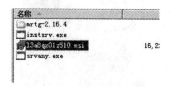

图 3.305　安装 perl 文件

单击 Next 按钮，如图3.306所示。

图 3.306　文件安装

选择 I accept the terms in the License Agreement，单击 Next 按钮，如图3.307所示。

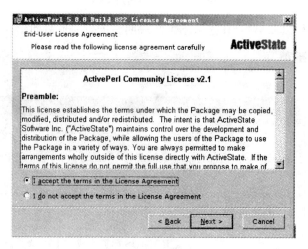

图 3.307　选择同意安装

选择安装组,采用默认配置,单击 Next 按钮,如图 3.308 所示。

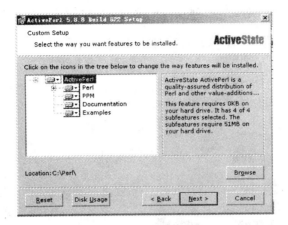

图 3.308　选择安装组

勾选所有组件,单击 Next 按钮,如图 3.309 所示。

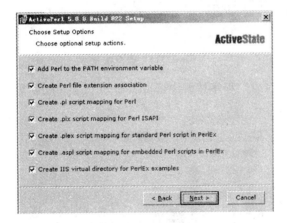

图 3.309　选择所有组件

单击 Install 按钮进行安装,如图 3.310 所示。

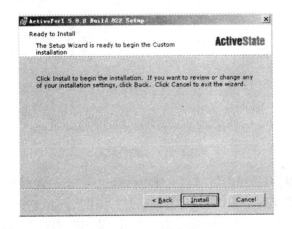

图 3.310　开始安装

第
3
章

项目实施

160

安装完成后，可以在IIS中确认是否安装成功，单击"开始"→"管理工具"→"Internet 信息服务管理"→右击"默认站点"→"属性"→"主目录"→"配置"，如图 3.311 所示。

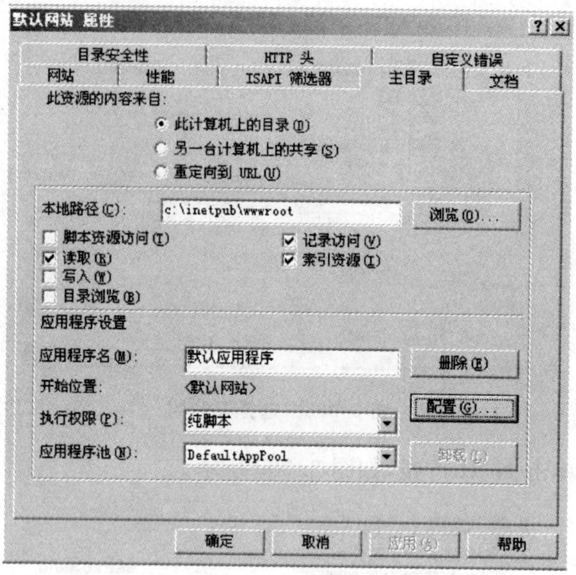

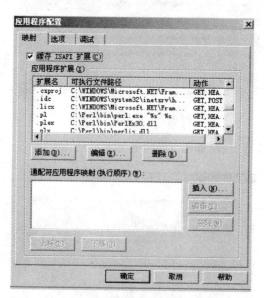

图 3.311　查看配置

单击"映射"标签，在应用程序扩展中可以查看到 pl 及 plx 扩展名，如果有则安装成功，如图 3.312 所示。

图 3.312　查看"映射"

安装 SNMP 网管协议，单击"开始"→"控制面板"→"添加或删除程序"→"添加或删除 Windows 组件"→"管理和监视工具"→"详细信息"，如图 3.313 所示。

在管理和监视工具中选择"简单网络管理协议（SNMP）"，单击"确定"按钮，如图 3.314 所示。

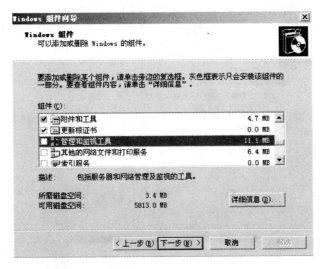

图 3.313　管理和监视工具

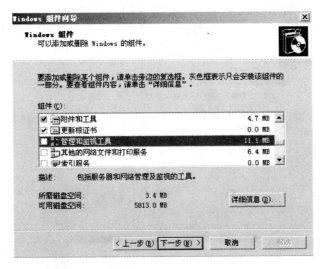

图 3.314　添加 SNMP

单击"开始"→"管理工具"→"服务"→右击 SNMP Service→"属性",如图 3.315 所示。

图 3.315　查看 SNMP Service 属性

在 SNMP Service 属性中单击"安全"→"接受团体名称"——"添加",输入团体名称和权限,并选择"接受来自这些主机的 SNMP 数据包"。单击下边的"添加"按钮,输入本服务器的 IP 地址,单击"确定"按钮完成配置,如图 3.316 所示。

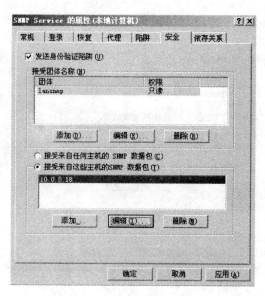

图 3.316　安全设置

SNMP 协议配置完成后,需要重新启动服务,如图 3.317 所示。

图 3.317　重启服务

将文件夹 mrtg-2.16.4 复制到 C 盘根目录下,将文件名修改为 mrtg,先在 mrtg 目录下创建 html 文件夹,再打开命令提示符,使用以下命令配置 mrtg。

```
C:\mrtg\bin> perl cfgmaker lansnmp@10.0.10.11 lansnmp@10.0.10.12 lansnmp@10.0.10.13
lansnmp@10.0.10.14 lansnmp@10.0.11.15 lansnmp@10.0.0.5 lansnmp@10.0.0.1 lansnmp@10.0.
8.2 - global "WorkDir: C:\mrtg\html"  -- output mrtg.cfg
```

说明:这个配置的 cfg 监视的是所有的网络设备,IP 地址表示网络设备的管理地址,lansnmp 是 SNMP Community 串。然后"WorkDir:C:\mrtg\html"就是输出 html 文件存放的路径,mrtg.cfg 就是为这个配置命名的文件名,默认 mrtg.cfg 文件放置在 C:\mrtg\bin 目录里,可以改成其他的。

```
C:\mrtg\bin> echo runasDaemon:yes >> mrtg.cfg
C:\mrtg\bin> echo interval:5 >> mrtg.cfg
```

设置监控周期，每 5 分钟更新一次。

```
C:\mrtg\bin>echo language:chinese >> mrtg.cfg
```

监控网页部分汉化。

```
C:\mrtg\bin>perl indexmaker -- output = C:\mrtg\html\index.htm mrtg.cfg
```

使用 indexmaker 生成监控浏览文件，把放在 C:\mrtg\bin\下的 mrtg.cfg 所生成的报表输出为一个 index.htm 存放到 C:\mrtg\html 下。

```
C:\mrtg\bin>perl mrtg -- logging = mrtg.log mrtg.cfg
```

运行后，应该会显示：

```
Daemonizing MRTG ...
Do Not close this window. Or MRTG will die
```

注意：运行这个命令会出现警告信息，若有可以用 Ctrl＋c 结束命令，然后，再重复执行此命令，直到出现以上提示。

这样 MRTG 就开始监控流量，但如果关闭了这个窗口，那么监控就会停止，所以需要程序自动运行，方法是将 MRTG 配置为服务来运行。由于 MRTG 需要 perl 来编译执行，不能直接添加为系统服务，现在使用 instsrv.exe 和 srvany.exe 这两个程序来把 MRTG 添加为系统服务。

复制 srvany.exe 和 instsrv.exe 到 C:\mrtg\bin 目录下，并在命令提示符下运行以下命令：

```
C:\mrtg\bin>instsrv mrtg "C:\mrtg\bin\srvany.exe"
```

```
CreateService SUCCESS at creating:
```

```
mrtg
```

```
You must now go to the Registry and the Services applet in the
Control Panel and edit them as per the instructions.
C:\mrtg\bin>
```

然后需要配置 srvany 服务，单击"开始"→"运行"，在"运行"界面中输入"regedit"，打开注册表编辑器，在注册表编辑器中找到 HKEY _ LOCAL _ MACHINE→system→currentcontrolset→services→mrtg，右击 mrtg→"新建"→"项"→parameters，如图 3.318 所示。

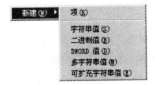

图 3.318　新建项

第 3 章

项目实施

再在 parameters 子键中添加以下项目：

（1）application 的字串值，内容为"c:\perl\bin\perl.exe"，如图 3.319 所示。

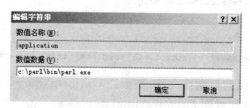

图 3.319　添加 application

（2）appdirectory 的字串值，内容为"c:\mrtg\bin\"，如图 3.320 所示。

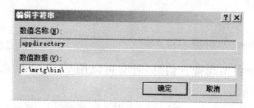

图 3.320　添加 appdirectory

（3）appparameters 的字串值，内容为"mrtg -logging＝mrtg.log mrtg.cfg"，如图 3.321 所示。

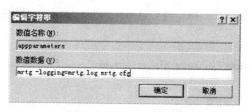

图 3.321　添加 appparameters

图 3.322 所示为配置完成的状态。

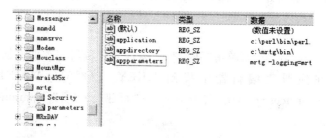

图 3.322　parameters 配置完成

配置完成后，如要启动 mrtg，单击"开始"→"管理工具"→"服务"，右击"mrtg 属性"，启动类型选择"自动"，单击"启动"按钮，单击"确定"按钮完成配置，如图 3.323 所示。

为了便于网络管理，需要使用 IIS 提供服务，单击"开始"→"管理工具"→"Internet 信息管理服务"→右击"网站"→"新建"→"网站"，在弹出的网站创建向导中单击"下一步"按钮，输入网站描述，单击"下一步"按钮，如图 3.324 所示。

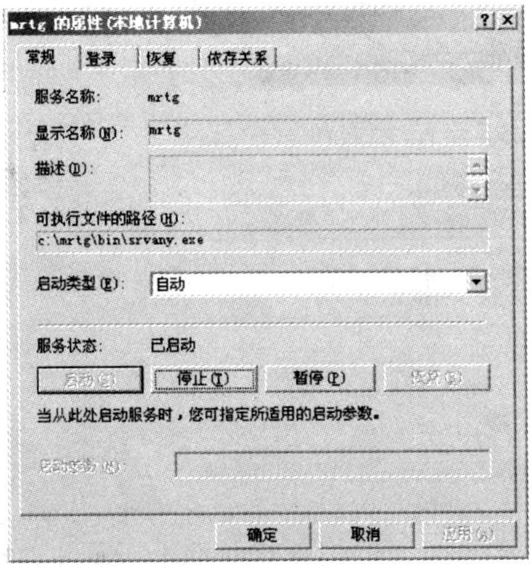

图 3.323　启动 mrtg

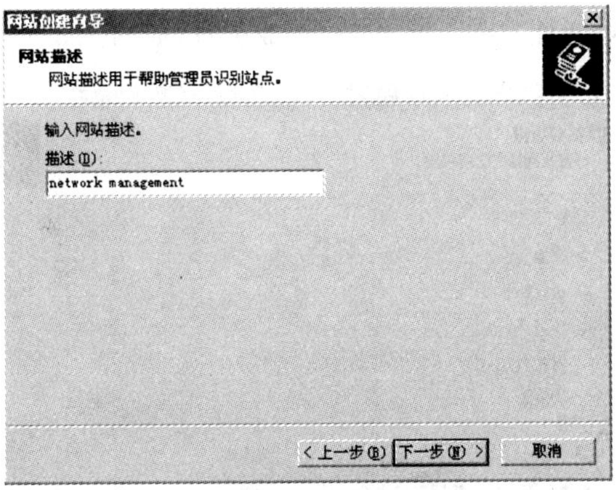

图 3.324　新建网站

进行 IP 地址和端口设置,单击"下一步"按钮,如图 3.325 所示。

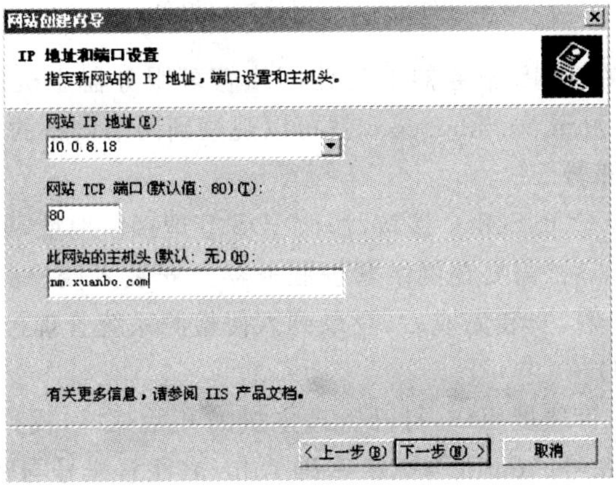

图 3.325　IP 地址和端口设置

在网站主目录路径中选择 C:\mrtg\html,单击"下一步"按钮,如图 3.326 所示。

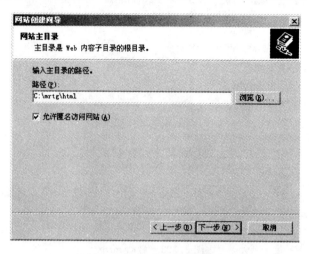

图 3.326　网站主目录路径

选择网站访问权限,单击"下一步"按钮,完成配置,如图 3.327 所示。

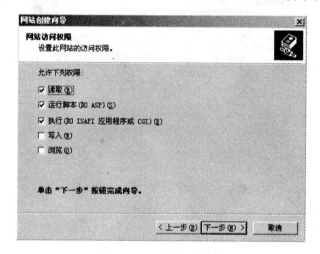

图 3.327　网站访问权限

配置完成后,需要在 DNS 服务器上创建网络管理服务器主机记录,配置完成后,打开 IE 浏览器,输入 http://nm.xuanbo.com 就可以观察到网络设备的状态,如图 3.328 所示。

8. 入侵检测系统部署

使用超级终端连接 CONSOLE 接口,修改 IDS 管理接口地址,如图 3.329 所示。

配置完管理 IP 地址后,需要在网络管理服务器上安装入侵检测系统管理控制台,安装过程在这里不做详细说明,安装完成后,登录到入侵检测系统管理控制台进行配置。

(1) 添加管理员用户

登录控制台并添加管理员用户,打开管理主机的开始菜单,找到 IDS 控制台程序,启动控制台程序,输入默认账号 Admin 与默认密码 Admin(注意账号与密码 Admin 开头 A 为大写),如图 3.330 所示。

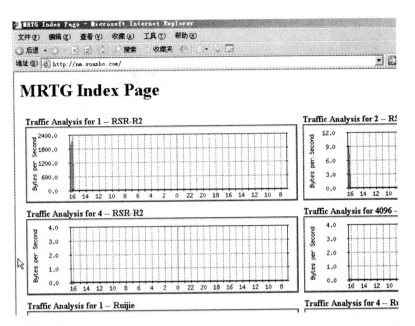

图 3.328　mrtg 测试

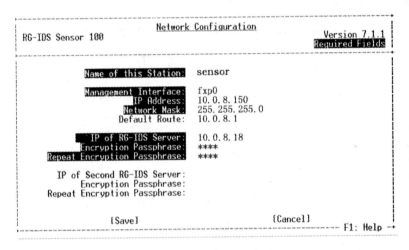

图 3.329　修改 IDS 管理接口地址

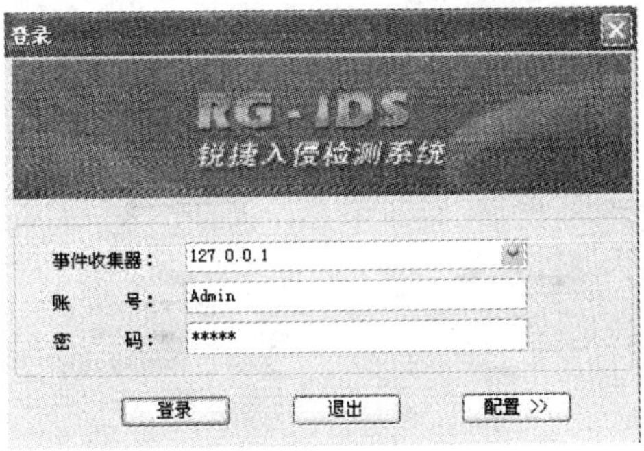

图 3.330　登录控制平台

单击"登录"按钮,进入到控制台界面,如图 3.331 所示。

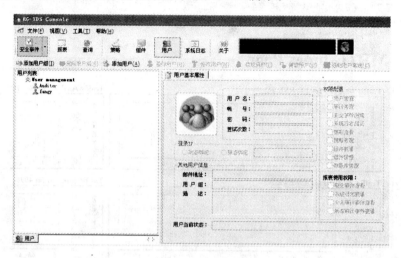

图 3.331　进入控制界面

由于利用默认的账号 Admin 进入到 IDS 的权限不是管理员的权限,无法配置某些选项,所以进入到控制台后,首先添加一个管理员的账号,如图 3.332 所示。

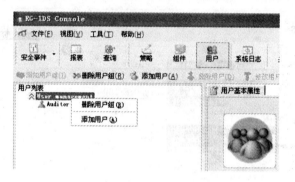

图 3.332　添加用户

单击"添加用户",进入到用户配置界面,如图 3.333 所示。

图 3.333　进行用户配置

在用户配置页面下的权限配置中选择全部权限。之后重新启动事件收集等服务,如图 3.334 所示。

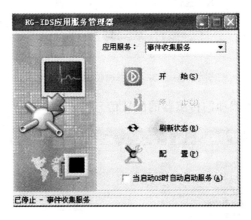

图 3.334　重启服务

再以新管理员账号登录,进入到控制台页面,如图 3.335 所示。

图 3.335　以新管理员账号登录

(2) 添加传感器

在控制台主页面的"组件结构树"窗口中,右击 EC,在出现的菜单中单击"添加组件"命令,如图 3.336 所示。

图 3.336　添加组件

在出现的窗口中选择"传感器",单击"确定"按钮,如图 3.337 所示。

图 3.337　添加传感器

在弹出的窗口中输入添加的传感器的配置信息,如图 3.338 所示。

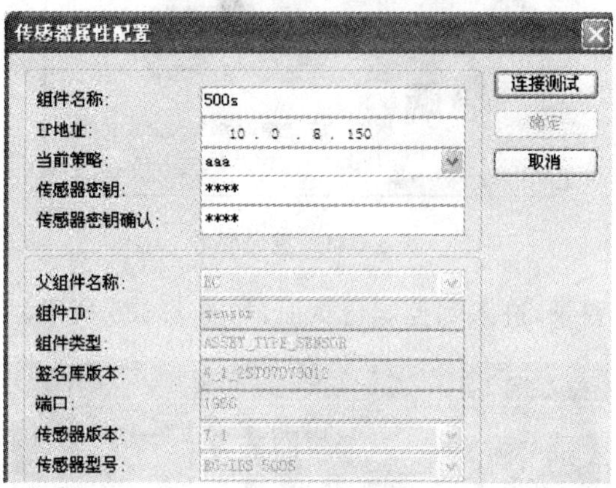

图 3.338　配置传感器信息

IDS 各个配置选项详细信息如表 3.2 所示。

表 3.2　IDS 字段

字　　段	描　　述
组件名称	组件结构树中显示的传感器的名称(不是传感器主机中设置的名称)
IP 地址	传感器的 IP 地址
当前策略	当前应用生效的传感器策略(每次修改策略的响应方式后,都应该重新对传感器应用策略)
传感器密钥	此处输入安装传感器时提供的与 EC 通信的密钥
传感器密钥确认	再次输入安装传感器时提供的与 EC 通信的密钥
父组件名称	组件结构树中,上一级组件的名称(此处不需输入,由系统自动识别)
组件 ID	传感器主机中设定的名称(此处不需输入,由系统自动识别)
组件类型	组件所属的类型(此处不需输入,由系统自动识别)
组件版本	组件所属的版本号(此处不需输入,由系统自动识别)
签名库版本	攻击签名的版本号(此处不需输入,由系统自动识别)
端口	通信使用的端口(此处不需输入,由系统自动识别)
传感器版本	传感器版本(此处不需输入,由系统自动识别)
传感器型号	传感器的型号(此处不需输入,由系统自动识别)
主 EC 的 IP 地址	传感器主机中配置的主 EC 的 IP 地址(此处不需输入,由系统自动识别)
备份 EC 的 IP 地址	传感器主机中配置的备份 EC 的 IP 地址(此处不需输入,由系统自动识别)

单击"确定"按钮,新添加的传感器出现在组件结构树 EC 的分支下。

（3）派生新策略

首先在策略标签下右击"Default 策略"（此策略为默认策略）——"派生策略"，如图 3.339 所示。

图 3.339　派生策略

在弹出的对话框中输入新的策略"aaa"，如图 3.340 所示。

图 3.340　输入策略新名称

勾选 ddos 策略，如图 3.341 所示。

图 3.341　选择 ddos 策略

勾选 dhcp、dns、ftp、icmp 策略，如图 3.342 所示。

图 3.342　选择 dhcp、dns、ftp、icmp 策略

勾选 ip 策略库下的 land 策略，如图 3.343 所示。

勾选 p2p 策略，如图 3.344 所示。

勾选 TCP 策略库下的 synflood 策略，如图 3.345 所示。

勾选 UDP 策略库下的 udpflood 策略，如图 3.346 所示。

右击 aaa→"解除派生策略"，如图 3.347 所示。

图 3.343　选择 land 策略

图 3.344　选择 p2p 策略

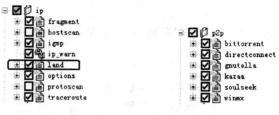

图 3.345　选择 synflood 策略　　　图 3.346　选择 udpflood 策略

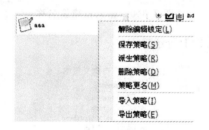

图 3.347　解除 aaa 派生策略

切换到组件标签,在传感器 5100 上选择"修改组件",在弹出的修改组件界面,选择当前策略,在这里选择 aaa 策略,单击"确定"按钮,如图 3.348 所示。

图 3.348　修改传感器组件

这样 aaa 策略会上传到 IDS 的传感器上,在 IDS 传感器上应用了 aaa 策略,即在 IDS 上实现了各方面的深度检测功能,如图 3.349 所示。

应用 aaa 策略后,可查看 IDS 报警信息与日志服务。在 IDS 控制台界面单击"安全事件",查看 IDS 报警信息,如图 3.350 所示。

图 3.349 应用 aaa 策略

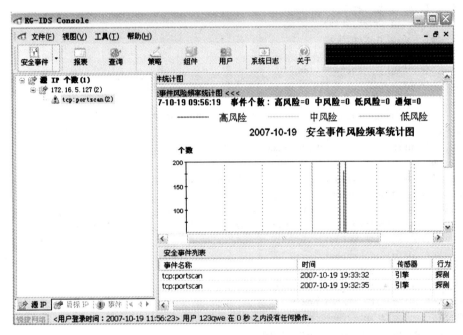

图 3.350 查看 IDS 报警信息

在 IDS 控制台界面单击"系统日志"标签,查看 IDS 日志标签,如图 3.351 所示。

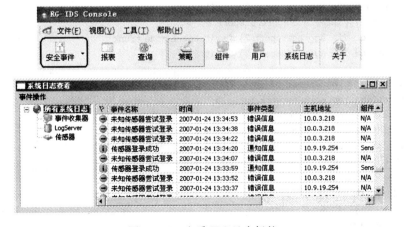

图 3.351 查看 IDS 日志标签

3.3　集团分公司项目实施

3.3.1　企业园区骨干部署

RSR-S6 部署如下：

```
RSR－S6(config)♯vlan 210
RSR－S6(config－vlan)♯exit
RSR－S6(config)♯vlan 220
RSR－S6(config－vlan)♯exit
RSR－S6(config)♯vlan 230
RSR－S6(config－vlan)♯exit
RSR－S6(config)♯vlan 240
RSR－S6(config－vlan)♯exit
RSR－S6(config)♯interface vlan 210
RSR－S6(config－if－vlan 110)♯ip add 10.0.15.1 255.255.255.0
RSR－S6(config)♯interface vlan 220
RSR－S6(config－if－vlan 120)♯ip add 10.0.16.1 255.255.255.0
RSR－S6(config)♯interface vlan 230
RSR－S6(config－if－vlan 130)♯ip add 10.0.17.1 255.255.255.0
RSR－S6(config)♯interface vlan 240
RSR－S6(config－if－vlan 140)♯ip add 10.0.18.1 255.255.255.0
RSR－S6(config)♯interface vlan 1
RSR－S6(config－if－vlan 1)♯ip add 10.0.0.20 255.255.255.248
RSR－S6(config)♯interface range fastethernet0/3－6
RSR－S6(config－if－range)♯switchport mode trunk
RSR－S6(config－if－range)♯exit
RSR－S6(config)♯interface range fastethernet0/3－4
RSR－S6(config－if－range)♯port－group 1
RSR－S6(config－if－range)♯exit
RSR－S6(config)♯interface range fastethernet0/5－6
RSR－S6(config－if－range)♯port－group 2
RSR－S6(config－if－range)♯exit
RSR－S6(config)♯interface aggregateport 1
RSR－S6(config－if－aggregateport 1)♯switchport mode trunk
RSR－S6(config－if－aggregateport 1)♯exit
RSR－S6(config)♯interface aggregateport 2
RSR－S6(config－if－aggregateport 2)♯switchport mode trunk
RSR－S6(config－if－aggregateport 2)♯exit

RSR－S6(config)♯router ospf 10
RSR－S6(config－router)♯network 10.0.15.0 0.0.0.255 area 10
RSR－S6(config－router)♯network 10.0.16.0 0.0.0.255 area 10
RSR－S6(config－router)♯network 10.0.17.0 0.0.0.255 area 10
RSR－S6(config－router)♯network 10.0.18.0 0.0.0.255 area 10
RSR－S6(config－router)♯network 10.0.0.16 0.0.0.7 area 10
```

3.3.2　企业园区接入部署

（1）RSR-S7 基本部署

```
RSR - S7(config) # vlan 210
RSR - S7(config - vlan) # exit
RSR - S7(config) # vlan 220
RSR - S7(config - vlan) # exit
RSR - S7(config) # interface range fastethernet0/1 - 2
RSR - S7(config - if - range) # port - group 1
RSR - S7(config - if - range) # exit
RSR - S7(config) # interface aggregateport 1
RSR - S7(config - if - aggregateport 1) # switchport mode trunk
RSR - S7(config - if - aggregateport 1) # exit
```

（2）RSR-S8 基本部署

```
RSR - S8(config) # vlan 230
RSR - S8(config - vlan) # exit
RSR - S8(config) # vlan 240
RSR - S8(config - vlan) # exit
RSR - S8(config) # interface range fastethernet0/1 - 2
RSR - S8(config - if - range) # port - group 2
RSR - S8(config - if - range) # exit
RSR - S8(config) # interface aggregateport 2
RSR - S8(config - if - aggregateport 1) # switchport mode trunk
RSR - S8(config - if - aggregateport 1) # exit
```

3.3.3 企业边缘及 WAN 部署

（1）RSR-R3 基本部署

```
RSR - R3(config) # interface serial2/0
RSR - R3(config - if) # ip address 18.1.1.2 255.255.255.240
RSR - R3(config) # interface fastethernet 0/0
RSR - R3(config - if) # ip address 10.0.0.17 255.255.255.248
RSR - R3(config - if) # vrrp 100 ip 10.0.0.19
RSR - R3(config - if) # vrrp 100 priority 120
RSR - R3(config - if) # vrrp 100 track serial 2/0 30
RSR - R3(config - if) # vrrp 100 preempt
RSR - R3(config) # router ospf 10
RSR - R3(config - router) # network 18.1.1.0 0.0.0.15 area 10
RSR - R3(config - router) # network 10.0.0.16 0.0.0.7 area 10
```

（2）RSR-R4 基本部署

```
RSR - R4(config) # interface serial2/0
RSR - R4(config - if) # ip address 198.1.1.2 255.255.255.240
RSR - R4(config) # interface fastethernet 0/0
RSR - R4(config - if) # ip address 10.0.0.18 255.255.255.248
RSR - R4(config - if) # vrrp 100 ip 10.0.0.19
RSR - R4(config - if) # vrrp 100 preempt
RSR - R4(config) # router ospf 10
RSR - R4(config - router) # network 10.0.0.16 0.0.0.7 area 10
RSR - R4(config - router) # default - information originate metric 200
RSR - R4(config) # ip route 0.0.0.0 0.0.0.0 198.1.1.1
```

```
RSR - R4(config) # crypto isakmp policy 110
RSR - R4(isakmp - policy) # authentication pre - share
RSR - R4(isakmp - policy) # hash md5
RSR - R4(isakmp - policy) # group 2
RSR - R4(config) # crypto isakmp key 0 ningbodaxue address 198.1.1.1
RSR - R4(config) # crypto ipsec transform - set vpn ah - md5 - hmac esp - 3des esp - md5 - hmac
RSR - R4(config) # crypto map vpnmap 10 ipsec - isakmp
RSR - R4(config - crypto - map) # set peer 198.1.1.1
RSR - R4(config - crypto - map) # set transform - set vpn
RSR - R4(config - crypto - map) # match address 110
RSR - R4(config) # interface Serial 2/0
RSR - R4(config - if - Serial 2/0) # crypto map vpnmap
RSR - R4(config) # access - list 110 permit ip 10.0.15.0 0.0.0.255 10.0.8.0 0.0.0.255
RSR - R4(config) # access - list 110 permit ip 10.0.16.0 0.0.0.255 10.0.8.0 0.0.0.255
RSR - R4(config) # access - list 110 permit ip 10.0.17.0 0.0.0.255 10.0.8.0 0.0.0.255
RSR - R4(config) # access - list 110 permit ip 10.0.18.0 0.0.0.255 10.0.8.0 0.0.0.255
RSR - R4(config) # access - list 120 deny ip 10.0.15.0 0.0.0.255 10.0.8.0 0.0.0.255
RSR - R4(config) # access - list 120 deny ip 10.0.16.0 0.0.0.255 10.0.8.0 0.0.0.255
RSR - R4(config) # access - list 120 deny ip 10.0.17.0 0.0.0.255 10.0.8.0 0.0.0.255
RSR - R4(config) # access - list 120 deny ip 10.0.18.0 0.0.0.255 10.0.8.0 0.0.0.255
RSR - R4(config) # access - list 120 permit ip 10.0.15.0 0.0.0.255 any
RSR - R4(config) # access - list 120 permit ip 10.0.16.0 0.0.0.255 any
RSR - R4(config) # access - list 120 permit ip 10.0.17.0 0.0.0.255 any
RSR - R4(config) # access - list 120 permit ip 10.0.18.0 0.0.0.255 any
RSR - R4(config) # interface fastethernet 0/0
RSR - R4(config - if - FastEthernet 0/1) # ip nat inside
RSR - R4(config - if - FastEthernet 0/1) # interface serial2/0
RSR - R4(config - if - serial 2/0) # ip nat outside
RSR - R4(config) # ip nat inside source list 120 interface serial 2/0 overload
```

第4章 项目验收

随着网络规模的不断扩展,网络测试与运行维护面临着新的挑战。从基础电缆的连通性测试到网络应用的统计分析,从共享型网络到全交换环境的数据采集,从本地网络到远程网络的监视与控制,从分支链路到主干链路的流量和协议分析,其包括的范围越来越广。与此同时,网络测试贯穿了网络安装、维护、管理和故障诊断的整个过程,为网络的健康运行带来了有效的解决办法。本章内容包括网络系统与应用服务系统的测试,以及检测设备性能参数的正常范围,并介绍几款小型网络工具,用于辅助测试。

4.1 角色任务分配

项目验收阶段为项目的第三阶段,也是项目的最后一个阶段,计划完成时间为1.5天,需要全部项目组的人员参加。由项目经理安排测试工程师对项目进行测试运行,并撰写测试报告。项目经理组织其他项目组成员撰写并提交试运行报告、终验报告,最后项目经理提交项目总结报告。具体任务分配如表4.1所示。

表4.1 人员分工表

序号	岗 位	工 作 内 容	人数
1	项目经理	负责整个项目的实施质量与实施进度,部署人员分工,掌握施工进度,并组织撰写项目总结和项目报告	1
2	网络测试工程师	根据网络设计方案,对整个网络运行状态进行评测,并撰写测试报告	1

4.2 测试方案

在网络工程测试中,可以分为布线系统测试、网络系统测试和服务应用系统测试。在本实训项目中没有布线系统,所以测试方案只有网络系统测试和服务应用系统的测试。

4.2.1 网络系统测试

网络系统测试主要包括功能测试、物理连通性测试、一致性测试等几个方面。

1. 物理测试(表4.2)

178

表 4.2 硬件设备及软件配置

测试项目		测试内容	说　明	结论	备注
硬件设备及软件配置	核心层交换机	测试加电后系统是否正常启动			
		查看交换机的硬件配置是否与订货合同相符合			
		测试各模块的状态			
		测试 NVRAM			
		查看各端口状况			
	会聚层及接入层交换机	测试加电后系统是否正常启动			
		测试 NVRAM			
		查看路由器的软硬件配置是否与订货合同相符合			
		测试端口状态			
	路由器	测试加电后系统是否正常启动			
		测试 NVRAM			
		查看路由器的软硬件配置是否与订货合同相符合			
		测试端口状态			
	防火墙	测试加电后系统是否正常启动			
		测试内存			
		查看防火墙的软硬件配置是否与订货合同相符合			
		测试端口状态			

2. 功能性测试（表4.3～表4.6）

表 4.3 VLAN 功能测试

测试项目		测试内容	说　明	结论	备注
VLAN功能测试	核心交换机	查看 VLAN 的配置情况			
		同一 VLAN 及不同 VLAN 在线主机的连通性			
		检查地址解析表			
	接入交换机	查看 VLAN 的配置情况			
		同一 VLAN 及不同 VLAN 在线主机的连通性			
		检查地址解析表			

表 4.4 路由和路由表的收敛性测试

测 试 项 目		测 试 内 容	说　　明	结论	备注
路由和路由表的收敛性测试	路由器	测试路由表是否正确生成			
		查看路由的收敛性			
		显示配置 OSPF 的端口			
		显示 OSPF 状态			
		查看 OSPF 的链路状态数据库			
		查看 OSPF 路由邻居相关信息			
		查看 OSPF 路由			
		设置完毕,待网络完全启动后,观察连接状态库和路由表			
		断开某一链路,观察连接状态库和路由表发生的变化			
	防火墙	测试路由表是否正确生成			
		查看路由的收敛性			
		显示配置 OSPF 的端口			
		显示 OSPF 状态			
		查看 OSPF 的链路状态数据库			
		查看 OSPF 路由邻居相关信息			
		查看 OSPF 路由			
		设置完毕,待网络完全启动后,观察连接状态库和路由表			
		断开某一链路,观察连接状态库和路由表发生的变化			
	三层交换机	测试路由表是否正确生成			
		查看路由的收敛性			
		显示配置 OSPF 的端口			
		显示 OSPF 状态			
		查看 OSPF 的链路状态数据库			
		查看 OSPF 路由邻居相关信息			
		查看 OSPF 路由			
		设置完毕,待网络完全启动后,观察连接状态库和路由表			
		断开某一链路,观察连接状态库和路由表发生的变化			

表 4.5 冗余性能功能测试

测 试 项 目		测 试 内 容	说　　明	结论	备注
冗余性能功能测试(VRRP/STP)	三层交换机 VRRP	查看 VRRP 状态			
		状态切换,查看数据包的丢失率			
		断掉一根网线,查看状态是否正常			
	三层交换机(STP)	查看 STP 根状态			
		断掉一根网线,查看状态是否正常			
		接入环路由,查看是否产生广播风暴			

180

表 4.6　安全性能功能测试

测 试 项 目		测 试 内 容	说　　明	结论	备注
安全性能功能测试	防火墙	测试防攻击功能			
		测试访问控制功能			
		测试 NAT 功能			

3. 测试步骤（表 4.7～表 4.13）

表 4.7　交换机测试步骤

序号	测 试 内 容	测 试 方 法	测试结果	备注
1	测试加电后系统是否正常启动	用 PC 通过 console 线连接到交换机上,或 telnet 到交换机上,加电启动,通过超级终端查看路由器启动过程,输入用户名及密码进入交换机		
2	查看交换机的硬件配置是否与订货合同相符合	♯ show version		
3	测试各模块的状态	♯ show mod		
4	查看交换机 flash memory 的使用情况	♯ dir		
5	测试 NVRAM	在交换机中改动其配置,并写入内存,♯write 将交换机关电后等待 60 秒后再开机,＊＊＊♯ sh config		
6	查看各端口状况	♯ show　interface		

表 4.8　路由器测试步骤

序号	测 试 内 容	测 试 方 法	测试结果	备注
1	测试路由表是否正确生成	♯ sh ip route		
2	查看路径选择	♯ traceroute ……		
3	查看 ospf 端口	♯ sh ip ospf interface		
4	查看 ospf 邻居状态	♯ sh ip ospf neighbors		
5	查看 ospf 数据库	♯ sh ip ospf database		
6	显示全局接口地址状态	♯ sh ip int bri		
7	测试局域网接口运行状况	♯ sh ip int fast0/0		
8	测试内部路由	♯ traceroute ……		
9	查看路由表的生成和收敛	去掉一条路由命令,用 ♯ sh ip route 命令查看路由生成情况		

表 4.9　路由信息测试步骤

序号	测试内容	测试方法	测试结果	备注
1	测试路由表是否正确生成	♯sh ip route		
2	查看静态路由是否正确配置	♯sh config		
3	查看接口地址是否正确配置	♯sh ip interface		
4	设置完毕,待网络完全启动后,观察连接状态库和路由表	show ip route		
5	断开某一链路,观察连接状态库和路由表发生的变化	show ip route		

表 4.10　交换机信息测试步骤

序号	测试步骤	正确结果	测试结果	备注
1	登录到交换机的 vlan1 端口,查看 VLAN 的配置情况	♯ show vlan 显示配置的 VLAN 的名称及分配的端口号		
2	在与交换机相连的主机上 ping 同一虚拟网段上的在线主机及不同虚拟网段上的在线主机	数据 Vlan 均显示 alive 信息,视频 Vlan 显示不可到达或超时信息		
3	检查地址解析表:%arp-p	仅解析出本虚拟网段的主机的 IP 对应的 MAC 地址。显示虚拟网段划分成功,本网段主机没有接收到其他网段的 IP 广播包		
4	检查 trunk 配置信息♯show int trunk	显示 trunk 接口的所有配置信息,注意查看配置 trunk 端口的信息		

表 4.11　连通性测试步骤

序号	测试内容	测试方法(ping 值取 100 次平均值)	测试结果
1	测试本地的连通性,查看延时	♯ping 本地 IP 地址	
2	测试本地路由情况,查看路径	♯traceroute 本地 IP 地址	
3	测试全网连通性,查看延时	♯ping 外地 IP 地址	
4	测试全网路由情况,查看路径	♯traceroute 外地 IP 地址	
5	测试与骨干网的连通性,查看延时	♯ping IP 地址	
6	测试与骨干网通信的路由情况,查看路径	♯traceroute IP 地址	
7	测试本地路由延迟	ping 本地 IP 地址,查看延迟结果	
8	测试本地路由转发性能	ping 本地 IP 地址加 -l 3000 参数,查看延迟结果	

序号	测试内容	测试方法(ping 值取 100 次平均值)	测试结果
9	测试外埠路由延迟	ping 外埠 IP 地址,查看延迟结果	
10	测试外埠路由转发性能	ping 外埠 IP 地址加一13000 参数,查看延迟结果	

表 4.12 核心交换机测试步骤

序号	测试步骤	正确结果	测试结果	备注
1	登录交换机,查看 VRRP 状态信息	# show vrrp〔group-number ︳ brief〕 可以使用这些命令查看 VRRP 的运行状态信息		
2	断开主线路,查看其 VRRP 状态变化	# show vrrp〔group-number ︳ brief〕 可以使用这些命令查看 VRRP 的运行状态信息		
3	登录交换机,查看 STP 的状态信息	# show spanning-tree 可以使用这些命令查看 STP 的运行状态信息		
4	断开主链路,查看 STP 的转换状态	# show spanning-tree 可以使用这些命令查看 STP 的运行状态信息		

表 4.13 防火墙测试步骤

序号	测试步骤	正确结果	测试结果	备注
1	登录防火墙,使用病毒软件测试防病毒功能	利用 Web 界面动态查看		
2	登录防火墙,使用攻击软件测试防攻击功能	利用 Web 界面动态查看		
3	登录防火墙,使用 ping 命令访问限制的网络,测试访问控制功能	利用 Web 界面动态查看		
4	登录防火墙,使用攻击软件测试防攻击功能	使用攻击软件测试		
5	登录防火墙,使用 ping 命令访问限制网络,测试访问控制功能	ping 命令或直接访问		
6	登录防火墙,测试 NAT 功能	查看 NAT 软件条目		

4.2.2 应用服务系统测试

包括物理连通性、基本功能的测试。网络系统的规划验证测试、性能测试、流量测试等。

1. 物理测试（表 4.14）

表 4.14　硬件设备及软件配置测试

测试项目		测试内容	说　明	结论	备注
硬件设备及软件配置	服务器	设备型号是否与订货合同相符合			
		软硬件配置是否与订货合同相符合			
		测试加电后系统是否正常启动			
		查看附件是否完整			
	磁盘阵列	设备型号是否与订货合同相符合			
		软硬件配置是否与订货合同相符合			
		测试加电后系统是否正常启动			
		查看附件是否完整			

2. 功能性测试（表 4.15～表 4.19）

表 4.15　WWW 系统的测试

测试项目		测试内容	说　明	结论	备注
WWW 系统的测试	系统完整性	硬件配置			
		网络配置			
	HTTP 访问	本地访问			
		远程访问			
	群集测试	切换测试			
		宕机测试			

表 4.16　FTP 系统的测试

测试项目		测试内容	说　明	结论	备注
FTP 系统的测试	系统完整性	硬件配置			
		网络配置			
	FTP 访问	上传测试			
		下载测试			
	群集测试	切换测试			
		宕机测试			

表 4.17　Mail 系统的测试

测试项目		测试内容	说　明	结论	备注
Mail 系统的测试	系统完整性	硬件配置			
		网络配置			
	邮件收发	收发邮件测试			
		其他功能测试			
	群集测试	切换测试			
		宕机测试			

表 4.18　SQL 数据库系统的测试

测 试 项 目	测 试 内 容		说　　明	结论	备注
SQL 数据库系统的测试	系统完整性	硬件配置			
		网络配置			
	功能测试	系统安装测试			
		数据库测试			数据库测试延迟
	群集测试	切换测试			
		宕机测试			

表 4.19　存储系统的测试

测 试 项 目	测 试 内 容		说　　明	结论	备注
存储系统的测试	系统完整性	硬件配置			
		网络配置			
	功能测试	RAID5 测试			
		iSCSI 测试			

3. 测试步骤

（1）Web 测试（表 4.20）

表 4.20　Web 测试

序号	测试步骤	正确结果	测试结果	备注
1	检查主机外观是否完整	设备外观无损坏		
2	重新启动主机,在开机自检阶段查看机器的系统参数	系统正常启动,硬件配置是否与订货一致		
3	启动操作系统,进行登录	顺利进入 Windows 登录画面		
4	在本地机器上使用 IE 浏览器访问本机主页	能够正常访问		
5	在远程机器上使用 IE 浏览器访问本服务器	能够正常访问		
6	在服务器上进行移动组测试群集 关闭一台服务器进行群集测试	能够正常访问		

（2）DNS 测试（表 4.21）

表 4.21　DNS 测试

序号	测试步骤	正确结果	测试结果	备注
1	检查主机外观是否完整	设备外观无损坏		
2	重新启动主机,在开机自检阶段查看机器的系统参数	系统正常启动,硬件配置是否与订货一致		
3	启动操作系统,进行登录	顺利进入 Windows 登录画面		
4	在本地机器上使用 nslookup 命令测试相关域名	能够正常解析		

序号	测 试 步 骤	正 确 结 果	测试结果	备注
5	在远程机器上使用 nslookup 命令测试本地及远程域名	能够正常解析		
6	在服务器上进行移动组测试群集关闭一台服务器进行群集测试	能够正常访问		

（3）FTP 测试（表 4.22）

表 4.22　FTP 测试

序号	测 试 步 骤	正 确 结 果	测试结果	备注
1	检查主机外观是否完整	设备外观无损坏		
2	重新启动主机,在开机自检阶段查看机器的系统参数	系统正常启动,硬件配置是否与订货一致		
3	启动操作系统,进行登录	顺利进入 Windows 登录画面		
4	在本地机器上使用管理工具查看 FTP 服务是否正常	正常		
5	在远程机器上使用 IE 浏览器访问本 FTP 服务器	能否正常登录以及能否正常上下传数据		
6	在远程机器上使用 FTP 客户端工具访问本服务器	能否正常登录以及能否正常上下传数据		
7	在服务器上进行移动组测试群集关闭一台服务器进行群集测试	能够正常访问		

（4）邮件测试（表 4.23）

表 4.23　邮件测试

序号	测 试 步 骤	正 确 结 果	测试结果	备注
1	检查主机外观是否完整	设备外观无损坏		
2	发送邮件	能够正常发送邮件		
3	接收邮件	能够正常接收邮件		
4	用 OE 登录测试	能够正常访问		
5	在服务器上进行移动组测试群集关闭一台服务器进行群集测试	能够正常访问		

（5）SQL 数据库测试（表 4.24）

表 4.24　SQL 数据库测试

序号	测 试 步 骤	正 确 结 果	测试结果	备注
1	检查主机外观是否完整	设备外观无损坏		
2	重新启动主机,在开机自检阶段查看机器的系统参数	系统正常启动,硬件配置是否与订货一致		
3	启动操作系统,进行登录	顺利启动数据服务		

序号	测试步骤	正确结果	测试结果	备注
4	登录数据库,测试数据库服务	能够正常创建库、表,正常删除库、表		
5	数据库功能测试	客户端应该可以正常连接并查询数据库		
6	磁盘存储阵列测试	A、B两机同时连接到光电存储器,并且都可以正常访问其中的数据		
7	在服务器上进行移动组测试群集 关闭一台服务器进行群集测试	能够正常访问		

（6）存储系统测试（表4.25）

表 4.25　存储系统测试

序号	测试步骤	正确结果	测试结果	备注
1	检查主机外观是否完整	设备外观无损坏		
2	重新启动主机,在开机自检阶段查看机器的系统参数	系统正常启动,硬件配置是否与订货一致		
3	启动操作系统,进行登录	顺利启动 iSCSI 服务		
4	登录存储服务器,换一块新的硬盘	能够正常恢复硬盘数据		
5	修改 iSCSI 口令	客户端网络硬盘是否可用		

（7）功能测试（表4.26）

表 4.26　功能测试

序号	测试步骤	正确结果	测试结果	备注
1	该软件是否能执行正常的检测功能	正常		
2	该软件是否能检测到映射的端口的流量	可以分析出不同 IP 产生的流量及带宽利用率		
3	该软件是否有设置用户及参数的功能	可以设置多个不同权限的用户		
4	该软件是否有检测攻击行为的能力	可以检测出攻击行为		
5	该软件是否有对检测的流量进行分析的能力	可以根据应用类型分析出具体流量		
6	该软件是否有对数据包过滤的能力	可以根据应用类型过滤		
7	该软件是否具有报告功能	可以根据协议类型、应用类型等生成报表		
8	攻击特征库是否可以定时更新	可以定期自动更新以及人工手动更新		由于网络条件限制,目前采用手动更新方式

4.2.3　性能参数的正常范围

性能参数的正常范围如表 4.27 所示。

表 4.27　性能参数的正常范围

指 标 类 型	指 标 名 称	建 议 值
时延指标	网络平均时延	$<10 \times N$ms
	网络空闲时延	$<5 \times N$ms
丢包率指标	网络平均丢包率	$<5\%$
	网络空闲丢包率	$=0$
CPU 占用率	忙时 CPU 占用率	$<80\%$
	平均 CPU 占用率	$<50\%$
负载指标	峰值带宽占用率	$<80\%$
	平均带宽占用率	$<50\%$

注：其中，N 的含义为数据报文经过的网络设备数目。

4.2.4　辅助测试

网络工程测试可以采用 CommView、SolarWinds 和 MRTG 软件测试。

利用网络测试软件对网络性能监控（可实时监控带宽、传输、带宽利用率、网络延迟、丢包等统计信息）、发现网络设备（具体或一个范围网段的发现。如 IP 地址、主机名、子网、掩码、MAC 地址、路由和 ARP 表、VOIP 表、所安装的软件、已运行的软件、系统 MIB 信息、IOS 水平信息、UDP 服务、TCP 连接等）、监视网络（实现视频音频报警，也可通过 Mail 进行报警信息的传递，并可对监视范围设备进行任意的裁剪。它可让用户对所有的历史记录数据分别按类、时间进行方便的查询、汇总，并以追溯的方式形成多种历史曲线报表）、安全检测（检查分析路由器的 SNMP 公用字符串的脆弱性，以保护 SNMP read/read-write community string 的安全性）等。

我们利用 CommView 来观察网络连线、重要的 IP 资料统计分析，如 TCP、UDP 及 ICMP，并显示内部及外部 IP 地址、Port 位置、主机名称和通信数据流量等重要资讯。

SolarWinds 网络管理工具包涵盖了从带宽及网络性能监控到网络发现、缺陷管理的方方面面。该软件强调，良好的易用性、网络发掘的快速性、信息显示的准确性。Solar winds 工具使用 ICMP、SNMP 协议能够快速地实施网络信息发掘，其具体信息详细至接口、端口速率、IP 地址、路由、ARP 表、内存等诸多细节信息。

MRTG（Mulit Router Traffic Grapher，多路由器通信图示器）是一个使用广泛的网络流量统计软件，可以图形方式表示通过 SNMP 设备的网络通信的状况。它显示从路由器和其他网络设备处获得的网络通信应用信息及其他统计信息。它产生 HTML 格式的页面和 GIF 格式的图，提供了通过 Web 浏览器显示可视的网络性能信息的功能。使用该工具可以方便地查明设备和网络的性能问题。因为 MRTG 可以监控任意的路由器或支持 SNMP 的网络设备，所以它可以用于监控边缘路由器与中枢路由器及其他设备。

4.3　测试实施

根据上面的测试方案需求,在项目测试完成后,由网络测试工程师和网络安全分析师提交详细的网络测试报告和信息安全测试报告。

4.4　竣工文档

项目完成后,需要项目组成员提交的竣工文档如表 4.28 所示。

表 4.28　竣工文档

岗 位 名 称	提 交 内 容	提 交 时 间
项目经理	实施进度计划表	项目开始前
项目经理	人员分工表	项目开始前
项目经理	项目总结报告	项目结束后
项目组所有成员	试运行报告	试运行结束后
项目组所有成员	终验报告	终验结束后
网络测试工程师	网络测试报告	项目测试阶段后

开　工　报　告

经各方共同努力本项目工程_____

（合同号：_____）于_____年_____月_____日正式开工。此开工日期是根据以下第_____条。特此证明。

注：开工日期是根据以下而定的：

1. 用户和公司共同商定。

2. 视安装现场条件准备完成部分及未完成部分，由用户和××公司共同商定。

3. 视设备到货情况，由用户和××公司共同商定。

用户代表签字：（盖章）	公司代表签字：（盖章）
日期：	日期：

施 工 日 志

日期：_____年_____月_____日　　　　天气：_____

星期：_____　　　　　　　气温：_____ ／ _____

项目名称	
施工人员	

工作内容及完成情况	一、施工情况（施工地点）： 二、完成情况： 三、存在问题及解决办法

形象进度	自本日开始的施工内容：	至本日结束的施工内容：

下一步工作计划	

补充说明	

现场实施： 　　　　　　　　　日期：	项目经理： 　　　　　　　　　日期：

项 目 汇 报

项目名称:	
时　　间:	
汇　　报:	

项目情况:

施工范围:

项目组成员:

项目完成情况:

遗留问题和原因:

下周工作安排:

项目经理:	用户代表:
日期:	日期:

　　注:项目汇报在项目实施过程中每周或两周(建议一周)一次提交用户项目负责人、项目相关领导、项目相关工程人员。

项目进度计划变更备忘录

项　　目：

会议时间：

会议地点：

与会人员：

会议目的：

一、会议在以下方面达成共识：（项目进度计划的变更）

二、各方的主要职责范围和完成时间

三、主要技术信息和备忘

项目名称：		合同号：	
项目进度计划	变更的进度计划		备注（具体原因）
签订合同时间：			
下单时间：			
确认场地和前期准备时间：			
客户培训时间：			
到货时间：			
送货验货时间：			
安装调试时间：			
系统初验时间：			
系统终验时间：			
其他			
项目经理： 日期：		用户代表（监理）： 日期：	

设备加电测试报告

测试目的	上电后,检测设备自检状态
场　地	
设备名	
步　骤	1. 加电前,根据安装步骤检查各部件是否符合加电要求 2. 将开关置 OFF,连接电缆 3. 开关置 ON
标　准	指示灯显示正常 各模块指示灯是否正常 风扇运转是否正常 电源板开关是否正常
结　果 (pass/fail)	
时　间	

项目经理: 日期:	用户代表(监理): 日期:

_____设备连通性测试报告

测试目的	测试每台网络设备与上级网络设备间的连通性
场　地	
设备名	
主机名	
步　骤	1. 使用 ping 命令, ping 上级网络设备 2. 使用 ping 命令, 从上级网络设备 ping 测试设备
标　准	ping 1000 次以上成功率 98％以上为正常
结　果 (pass/fail)	
时　间	

项目经理： 日期：	用户代表(监理)： 日期：

_____单节点测试和验收报告

验收签字

1. 合同中该节点设备和模块已经在合同指定安装地点安装　　　　_____

2. 整个节点已经正确上电　　　　_____

3. 整个节点已经正确接地　　　　_____

4. 整个节点设备已经安装，可以运转、告警为零状态　　　　_____

5. 该节点所有部件已经资产注册并被用户确认　　　　_____

6. 该节点所有部件是全新设备，并且无损伤　　　　_____

7. 根据合同，该设备所需软件和微程序固件已经下载　　　　_____

8. 该节点所有模块已经通过上电自检　　　　_____

9. 该节点所有根据合同的模块配置已经完成　　　　_____

10. 该节点所有外接电缆已经连接并编码　　　　_____

项目经理：	用户代表(监理)：
日期：	日期：

_____机房准备情况表

机房要求的准备条件		是否完成	情况说明
机房装修		是□否□	
静电地板		是□否□	
机房网络综合布线		是□否□	
机房场地大小			
空调安装,达到要求的温度和湿度		是□否□	
照明达到要求		是□否□	
机柜到位、位置确定		是□否□	
UPS 到位,电源功率、接地达到要求,接通各机柜和各设备电源		是□否□	
机房设备合理安装、摆放		是□否□	
DDF/ODF 子架安装		是□否□	
长途线路	各地市到省中心 155M 链路到位、连接至 ODF、测通	是□否□	
	设区市中心到各汇聚点线路到位、连接至 ODF、测通	是□否□	
电话备份线路到机柜,做好 RJ11 水晶头,并且开通		是□否□	
准备好一台拨号 Modem		是□否□	
各点具备安装条件		是□否□	

项目经理:	用户代表(监理):
日期:	日期:

项目风险评估表

项目名称：		合同编号：	
项目经理：		项目技术经理：	

项目商务风险（项目是否有商务风险，包括交货、付款等）：

评估人： 日期：

项目商务风险应对措施：

评估人： 日期：

项目技术风险（技术方案是否可行、是否有新的技术、其他技术风险）：

评估人： 日期：

项目技术风险应对措施：

评估人： 日期：

项目管理计划

项目工作总结

项目概述：

实施后达到的目标情况说明：

工程实施的实际情况说明：

经验汇总和思考：

经验：

思考：

项目验货单

1. 开箱验收：

（1）包装检查

设备末开箱前，先对设备包装进行检查，查看有无破损、水渍等情况，如有，详细记录破损和水渍的部位及程度。

检查结果：完好_____、异常_____。（打"√"或打"×"进行选择）

异常情况说明：

（2）设备外观检查

设备开箱后，先对设备外观进行检查，设备外壳应平整，表面无污渍、划伤。

检查结果：完好_____、异常_____。（打"√"或打"×"进行选择）

异常情况说明：

2. 设备明细清单（摘录合同配置页）：

Product	Description	Qty.	备注

项目经理： 日期：	用户代表（监理）： 日期：

初验合格证书

工程名称	
合 同 号	
合同名称	
最终用户	
建设单位	

1. 设备、材料和系统各单项验收均已按照合同说明进行核查。
2. 根据工程的验收测试结果,在此承包单位和最终用户对初步验收予以确认。
3. 在试运行期间卖方保证对设备进行及时有效的维护和技术支持。
4. 初验证书签署日期为　　　年　　月　　日。
5. 遗留问题:

最终用户代表签字:	建设代表签字:
日期:	日期:
（盖章）	（盖章）

初验遗留问题备忘录

工程名称	
合 同 号	
合同名称	
最终用户	
建设单位	

遗留问题及计划解决时间：

最终用户代表签字：	建设单位代表签字：
日期：　　　　　　　（盖章）	日期：　　　　　　　（盖章）

终 验 通 知

工程名称			
合 同 号			
合同名称			
建设单位		施工单位	
通知正文	本工程于_____年_____月开始动工,在贵公司的大力支持下,贵工程施工调试工作已顺利完成,并于_____年_____月通过工程初验并进行了项目移交。初验完成后,工程进入试运行阶段。在此期间,我们在贵公司的大力配合下,重点对初验遗留问题进行了解决。目前网络设备运行正常,已经通过了6个月的试运行期。 　根据工程合同规定,6个月试运行期结束后即进行全网终验。即_____年_____月开始终验,特此通知。 　终验主要对初验遗留问题的解决情况进行确认,并对整个工程进行总结。我公司项目组相关人员将会在近期与贵公司联系,确认初验遗留问题的解决情况,并与贵公司协商终验的有关手续问题,请贵公司给予大力协助。		
项目负责人		联系方式	

如有任何问题,请及时与集成公司项目负责人取得联系。

工程项目实施规范

终验合格证书

工程名称	
合 同 号	
合同名称	
最终用户	
建设单位	

　　1. 系统初验于_____年_____月_____日正式结束,试运行自初验证书签署之日起开始。试运行期间在双方共同努力下,系统运行状况满足工程合同中技术规范书的要求和各项技术指标。

　　2. 按照合同约定,系统试运行于初验后 6 个月正式结束,双方确认工程正式终验。自终验证书签署之日起系统投入正式运行。

　　3. 终验证书签署日期为_____年_____月_____日。

　　4. 建设单位在合同终验后继续为最终用户提供合同约定的技术支持。

最终用户代表签字:	建设单位代表签字:
日期:　　　　　　　　（盖章）	日期:　　　　　　　　（盖章）

初验遗留问题解决情况报告

工程名称	
合 同 号	
合同名称	
最终用户	
建设单位	

遗留问题及解决结果：

序号	遗留问题	解决结果

最终用户代表签字：	建设单位代表签字：
日期：　　　　　　（盖章）	日期：　　　　　　（盖章）

项目会议纪要

会议日期：

会议地点：

与会人员：

会议目的：

————，该项目各方人员就————项目实施召开了工程会议，与会各方经过认真讨论，达成如下共识：

一、工程责任、范围及阶段划分

1. 用户：

2. 总集成：

3. 分集成：

4. 项目简单实施计划：

5. 到货情况及验货方式：

6. 配套设备及耗材谁负责采购实施：

7. 替代方案实施：

8. 整个工程争取完成时间，最晚完成时间：

二、工程实施管理

定期召开工程协调会议，以相互通报各自工程或工程准备进度情况，讨论修正工程日期，形成文件以作为下一阶段工作的目标。

如有与工程相关的任何事宜，需书面通知有关各方。

工程组成人员及根据项目情况成立小组：

场地准备：

开工证明：

工程验收范围界定：

变更沟通机制：

安全：

项目负责人及联络人：

三、重点技术需求确认

四、其他

与会各方代表签字：

项目变更备忘录

工程名称	
建设单位	
施工单位	
变更原因	
变更后计划	包括原有的计划和变更后的计划
签　字	建 设 方：_____　　用户代表：_____ 日　　期：_____　　日　　期：_____

208

服务报告

用户名称：		合同号：

工程师姓名：	到场时间： 　年　月　日　时	离场时间： 　年　月　日　时

服务类型：
☐现场调研　☐安装调试　☐故障解决　☐性能调整　☐软件维护　☐其他_____

服务内容共包括以下_____项：

遗留问题和原因：

工程师对用户的建议(尤其针对故障解决)：　　☐无　　　☐有,内容如下：

请用户确认收到以下文件和设备：
1. 本页服务报告

2.

3.

尊敬的用户,请对以上内容进行确认,如果您对我公司工程师的工作有任何意见,请反馈给我公司(服务热线　　):
我对上述_____项服务内容和_____个遗留问题：
　　☐ 都认可
　　☐ 部分认可,其中第_____项服务内容不认可,我的反馈意见如下：

最终用户代表签字： 　　　　　　　　　　(盖章)	工程师签字： 　　　　　　　　　　(盖章)
日期：	日期：

工程名称		合 同 号	
开工日期		变更日期	

项目
变更报告

变更原因：

解决方案：

预计复工时间：

注：当因用户或公司条件不具备，工程无法进行时，由工程督导和用户协商填写此表，此表一式两份，分别由施工方、用户方保留。

建设单位签字：　　　　　　　　用户负责人(监理)签字：

年　月　日　　　　　　　　　　　年　月　日

工程名称		建设单位电话	
合 同 号		监理单位电话	

项目
工程进度计划表

序号	局名	工 程 类 别			施工步骤	计划时间		工程准备	已完成	完成时间
		新建	改造	扩容		开始	结束			

注：需要与此表提交施工进度计划甘特图。

项目经理：　　　　　　年　　月　　日

用户代表(监理)：　　　　年　　月　　日

参 考 文 献

[1] 谢希仁.计算机网络(第五版).北京：电子工业出版社,2008.
[2] 陈鸣译.计算机网络自顶向下方法(第 4 版).北京：高等教育出版社,2010.
[3] 徐恪等.高等计算机网络——体系结构、协议机制、算法设计与路由器技术(第 2 版).北京：机械工业
    出版社,2008.
[4] 吴功宜.计算机网络高级教程.北京：清华大学出版社,2007.
[5] 马海军等译.TCP/IP 协议原理与应用.北京：清华大学出版社,2006.
[6] 杨云等.Windows Server 2003 组网技术与实训(第 2 版).北京：人民邮电出版社,2012.
[7] 王国全等.Windows Server 2003 配置与管理.北京：清华大学出版社,2008.
[8] 高猛等译.Windows Server 2003 安全性权威指南.北京：清华大学出版社,2007.
[9] 邓秀慧.路由与交换技术.北京：电子工业出版社,2012.
[10] 郑仲桥等.现代交换技术教程.南京：东南大学出版社,2009.
[11] 董良等.Linux 系统管理.北京：人民邮电出版社,2012.
[12] 於岳等.Linux 快速入门——系统安装、管理、维护及服务器配置.北京：人民邮电出版社,2011.
[13] 思科系统公司译.思科网络技术学院教程 CCNA Explotation：网络基础知识.北京：人民邮电出版
    社,2009.
[14] 陈宇等译.CCNP 学习指南：组建可扩展的 Cisco 互联网络(BSCI)(第三版).北京：人民邮电出版
    社,2007.
[15] 高峡等.网络设备互连学习指南.北京：科学出版社,2009.
[16] 张选波等.设备调试与网络优化学习指南.北京：科学出版社,2009.
[17] 唐俊勇等.路由与交换型网络基础与实践教程.北京：清华大学出版社,2011.
[18] 白国强等译.网络安全基础应用与标准.北京：清华大学出版社,2007.
[19] 吴秀梅等.防火墙技术及应用教程.北京：清华大学出版社,2010.